U0320629

遇见科学

讲给青少年的物理公开课

徐红星　主编

武汉出版社
WUHAN PUBLISHING HOUSE

（鄂）新登字08号

图书在版编目（CIP）数据

遇见科学：讲给青少年的物理公开课 / 徐红星主编. — 武汉：武汉出版社，2024.7

ISBN 978-7-5582-5954-8

Ⅰ.①遇… Ⅱ.①徐… Ⅲ.①物理学—青少年读物 Ⅳ.①O4-49

中国国家版本馆CIP数据核字（2024）第 020415 号

遇见科学：讲给青少年的物理公开课
YUJIAN KEXUE: JIANGGEI QINGSHAONIAN DE WULI GONGKAIKE

主　　编：徐红星
责任编辑：杨　靓　王　俊
封面设计：刘峰 ©BOSUdesign　　　插　　图：王　俊
版式设计：藏远传媒　　　　　　督　　印：方　雷　代　湧
出　　版：武汉出版社
社　　址：武汉市江岸区兴业路136号　　　邮　　编：430014
电　　话：(027) 85606403　　　85600625
http://www.whcbs.com　　E-mail: whcbszbs@163.com
印　　刷：武汉精一佳印刷有限公司　　　经　　销：新华书店
开　　本：889 mm×720 mm　　　1/24
印　　张：11.5　　　字　　数：209 千字
版　　次：2024 年 7 月第 1 版　　2024 年 7 月第 1 次印刷
定　　价：68.00 元

关注阅读武汉
共享武汉阅读

编委会

徐红星

物理学家
中国科学院院士

主编简介

江苏灌云人。1992 年毕业于北京大学技术物理系，2002 年获瑞典查尔姆斯理工大学博士学位。曾任中国科学院物理研究所研究员、中国科学院物理研究所表面物理国家重点实验室主任，武汉大学物理科学与技术学院院长。现任武汉大学物理科学与技术学院教授、武汉大学微电子学院院长、武汉大学学术委员会主任，武汉量子技术研究院院长。获国家杰出青年科学基金，享受国务院政府特殊津贴。获中国青年科技奖、中国科学院青年科学家国际合作奖、中国物理学会饶毓泰物理奖等。2017 年当选为中国科学院院士。2018 年当选为发展中国家科学院院士。

主要从事等离激元光子学、分子光谱和纳米光学的研究。发现成对金属纳米颗粒在光场作用下能够在其纳米间隙中产生巨大的电磁场增强效应，这是单分子表面增强拉曼光谱的原因，也是其他基于纳米间隙效应研究的物理基础；提出了等离激元光学力和单分子捕获、表面增强拉曼与表面增强荧光统一的理论；发现表面增强光谱的纳米天线效应，研发了针尖增强拉曼光谱系统，实现等离激元催化反应；发现纳米波导等离激元的激发、传播、发射，与激子相互作用的物理机理和调控机制；在纳米波导网络中实现光子路由器、完备的光逻辑、半加器和光逻辑的级联。

徐红星院士科学与人文科普工作室简介

徐红星院士科学与人文科普工作室成立于2022年11月15日，由武汉市科学技术协会、武汉市江岸区人民政府、武汉出版集团共同创建，武汉出版社承建，湖北省物理学会和湖北省青年科技工作者协会作为支持单位。工作室以中国科学院院士、著名物理学家徐红星教授领衔命名，汇聚了50余名高等院校、科研院所及科技、文化企事业单位等科学与人文领域的专家学者，以科学普及和人文关怀结合为特色，形成了一个跨学科、多元化的科普团队。在徐红星院士带领下，团队成员致力于科学普及工作，以优质丰富的内容和喜闻乐见的形式，普及科学知识，倡导科学精神，引领科学教育，促进全民科学素质的提高。

序

习近平总书记指出，"科技创新、科学普及是实现创新发展的两翼，要把科学普及放在与科技创新同等重要的位置"。自2021年以来，国家连续出台了《全民科学素质行动规划纲要（2021—2035年）》和《关于新时代进一步加强科学技术普及工作的意见》等重要文件，为新时代科普工作高质量发展做出了战略部署，提供了实践指南。通过科学普及提高全民科学素养，犹如为科技创新这棵大树的生长提供肥沃土壤，而对青少年的成长更是意义非凡，关系到国家今后科技创新与发展的"百年大计"。

由武汉市科学技术协会、江岸区人民政府、武汉出版集团共建的徐红星院士科学与人文科普工作室应运而生。在湖北省物理学会、湖北省青年科技工作者协会的大力支持下，工作室携团队专家走出高校、科研院所，走进中小学，针对青少年科普教育开展了大量卓有成效的活动，涵盖科学与人文的融合、物理学原理以及前沿科技的最新发展。这些活动的成功举办为本书提供了丰富的内容和案例，使得本书在科普方面具有更高的专业性和阅读价值。

物理学是探索自然界运行规律的基础学科。在众多诺贝尔奖项中，无论是物理、化学还是生理学或医学、经济学等奖项，物理学家均有显著贡献。邀请从事科研的物理学家分享他们的研究经历和科普故事，能够为青少年提供直观的科学体验和创新灵感，旨在激发青少年对物理学的兴趣，鼓励他们追求科学知识，培养科学探索和技术创新的热情，以及树立科学的生活和职业态度，以期为国家培养未来引领科技创新的工作者贡献一份力量。

中国科学院院士

2024年5月

前言

由中国科学院院士、物理学家、武汉大学物理科学与技术学院教授徐红星主编的《遇见科学：讲给青少年的物理公开课》，终于与大家见面了！

本书分为八讲，每讲均由物理学专家精心撰写。内容生动有趣，通俗易懂，又不失专业性，既包含理论知识的解析，也有物理实验的演示。书中探讨了从远古时代人类文明发展中的"未解之谜"，到微观世界的量子理论和纳米科技，再到探索宇宙大爆炸和黑洞碰撞的奥秘，还深入浅出地介绍了对我们日常生活产生巨大影响的集成电路、纳米光子学和量子计算机等现代科技与关键技术的发展。

本书的八讲依托于徐红星院士科学与人文科普工作室举办的"遇见科学"青少年主题科普活动。该活动以科学公开课的形式在武汉市多所中小学开展，同时被录制成科普教育专题片《遇见科学》在武汉教育电视台播出，深受广大青少年的喜爱。八位授课专家基于科普讲座主题内容，进一步精心编创，才形成了《遇见科学：讲给青少年的物理公开课》这部弥足珍贵的图书。本书有两大特点：一是将科学与人文深度融合；二是将物理学的概念、理论的提出与发展过程和现代物理学的前沿知识，以通俗易懂的方式呈现给青少年。

第一讲《古人的智慧——科技揭开历史上的"未解之谜"》，作者首先用生动有趣的语言介绍了目前还无法用科学解释的历史"未解之谜"，然后解释了如何利用现代科技，通过翔实的实验数据和逻辑推理分析，解开了秦始皇兵马俑铠甲丝的制作技术和三星堆金属加工工艺的谜团，展现了科技与人文考古相结合的魅力。

第二讲《神奇的光——现象与物理》，从墨子关于光学现象的发现、牛顿光学，到近代光学的波粒二象性之争、爱因斯坦的光电效应与激光的诞生，作者娓娓道来，将光在人类生活中的千姿百态展现在青少年面前，并以通俗的语言展望了纳米光学、纳米光子学的未来，激起青少年对科学研究的向往和对科学改变世界的憧憬。

第三讲《我们的中国芯——信息时代的基石：集成电路》讲述了信息时代不可或缺的关键技术——芯片技术的发展历程。作者以通俗、简练又不失专业性的语言，介绍了芯片技术发展的过程及其对政治、经济、金融等方面的巨大影响，让青少年了解芯片技术对国家和人民的重要性及芯片发展中的核心技术问题，从小立下解决"卡脖子"问题的志向。

第四讲《微粒交织的奇迹——走近量子计算》和第六讲《穿越量子时光——趣说量子科技》从不同角度探讨了量子科技，以轻松的语言和形象贴切的比喻展现量子世界的基本特征和奇异现象，并以从易到难、由简到繁的逻辑探索量子计算的奇妙世界，讲述量子计算机的前世今生。为了激发青少年对量子科学研究的兴趣，讲解了量子科技革命的无限可能及其对人类智慧的极限挑战。

仰望星空，倾听来自宇宙深处的声音。自古以来，人类对太空就充满了无限遐想。第五讲《天外来音——引力波》，从爱因斯坦广义相对论预言引力波开始，介绍了人类首次直接探测到引力波，"倾听"到宇宙的"声音"的过程。引力波是什么？它与黑洞碰撞和宇宙大爆炸有什么关系？解密这背后的一个个谜团，让青少年"脑洞大开"，思绪插上飞往宇宙的翅膀。

物理学的本质是一门实验科学，它是通过对自然规律的观察和实验实践后总结出的理论、规律和定理。历史上的物理先贤们常常进行别开生面的物理演示实验，不仅为证明自己的理论，更为激发公众兴趣、传播科学知识。第七讲《析万物之理——从一个物理演示实验说起》和第八讲《穿越时空的探险——诺贝尔奖物理实验的奇幻漂流》，由两位实验物理学专家分别撰写。他们通过直观生动的实验过程，介绍了几何光学和理论光学实验的原理，以及这些实验对自然现象的诠释与应用。这种"平易近人"的展示方式，不仅能激发青少年对科学探究的兴趣，还能在他们的心田种下"以科学实验探究未知"的种子。通过再现爱因斯坦的光电效应实验，青少年们可以体验到从普朗克常数的猜测到通过实验证实的历程，感受科学探索的魅力。这种方式不仅让青少年了解物理学知识的深度和广度，也启发他们思考科学研究的方法和意义。

近年来，国家提出"要把科学普及放在与科技创新同等重要的位置"，科学普及工作不断得到重视和强化，而科普工作从青少年抓起更是功在当代、"百年树人"的伟大事业。在武汉市科学技术协会指导下，徐红星院士科学与人文科普工作室开展的"遇见科学"青少年主题公益科普活动，旨在激发青少年对科学的兴趣和热爱。活动得到了湖北省物理学会、湖北省青年科技工作者协会、武汉大学物理科学与技术学院、中国科学院精密测量科学与技术创新研究院、物理国家级实验教学示范中心（武汉大学）、江岸区科学技术协会、江汉区科学技术协会、硚口区科学技术协会、武汉市教育局、江岸区教育局、江汉区教育局、硚口区教育局、武汉教育电视台、武汉市育才小学、武汉市第二中学、武汉市育才高级中学、武汉市汉铁高级中学、武汉市育才第二小学立德分校、武汉外国语学校、武汉市第一中学、武汉市第四中学等单位的鼎力支持，成为科普活动顺利开展的重要保障，也为本书的顺利成稿提供了重要支撑。

本书的出版，不仅仅是对科学公开课活动的阶段性回顾，更是一把燃烧自己释放智慧与理想的火把，引导青少年朝着科学的方向迈进，去体验科学之美，探索科学之谜，追逐科学的未来发展之光，共同奔向科技日新月异的美好明天。

编　者

2024 年 5 月

目录

不要停止思考，不要停止问问题。

好奇心有时候会带来伟大的发现。

引子

　　当你欣赏五彩斑斓的世界时，你有没有好奇过是什么赐予了我们这份视觉的礼物？是的，那就是光。那么光究竟是什么？它是怎样点亮我们的世界、揭开自然界神秘面纱的呢？

　　光，是一种电磁波，它可以在真空中以每秒 30 万千米的速度传播。光，也是一种粒子，它可以被反射、折射、散射、干涉、衍射和偏振。光，还是一种信息载体，它可以被编码、传输、存储和解码。

　　光，是科学家们探索自然界的重要工具。从伽利略用望远镜观测天体，到牛顿用三棱镜分析光的本质，从爱因斯坦用光子解释光电效应，到玻尔用光谱揭示原子结构；从赫兹用电磁波发现无线电，到拉曼用散射光探测物质性质；从激光的发明，到量子通信的实现……科学家们用光打开了一个又一个未知领域的大门。

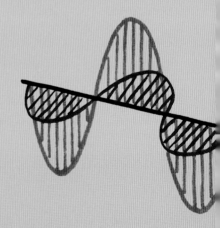

光，也是人类文明进步的重要推动力。从古代人类用火把驱赶黑暗，到中世纪人们用蜡烛照亮书房；从工业革命时期人们用煤气灯照亮城市，到现代人们用电灯照亮生活……人类社会的发展离不开光的照耀。而随着科技的进步，人们也利用光来改善生活质量。从太阳能发电，到激光手术；从光纤维通信，到全息投影……人们用光创造了一个又一个奇迹。

　　光，是一束束穿透黑暗的神奇之物，带着无穷的能量和信息，闪耀在人类的前行之路上。在这个充满奥秘的世界中，有一群年轻的追光者，他们以梦为马，用好奇心这把钥匙开启一段段探索之旅，追寻着光的秘密，传播着光的知识。

　　如果你也想像他们一样，那么请跟随这本书的步伐，去遇见科学，去预见未来！

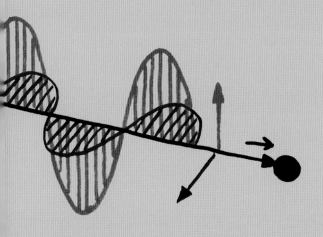

古人的智慧

——科技镶嵌历史上的"未解之谜"

科普，让科学种子播撒得更远

潘春旭，武汉大学物理科学与技术学院二级教授，博士生导师。国家级一流本科课程"科技与考古"的负责人，中国物理学会科普演讲团专家，湖北"大手拉小手"科普报告团团长，"湖北省十佳科普达人"，中央广播电视总台科教频道《考古公开课》栏目"青铜密码"主讲嘉宾。湖北省科学技术馆专家库第一批入库专家。他从事材料物理学研究数十年，是"纳米教授"，也是"人气教师"。在武汉大学，他的选修课"科技与考古"一座难求。

过去 30 多年，我主要在大学从事材料物理、纳米材料和科技考古等领域的教学和科研工作。最近几年，我逐步进入青少年科普的新领域。在科普之初，我经常会以大学课堂教学或作学术报告的方式给中小学生进行科普讲座。后来发现，学生们根本就听不懂，或者理解起来非常困难，这促使我思考如何做好科普工作。现在，我在开展科普活动时，会使用实验、视频等形式来提高学生的兴趣，还会针对不同年龄段的学生准备不同版本的课件。做这些，都是为了让学生听得懂物理，更是为了培养孩子们的好奇心、求知欲和想象力，让他们发自内心地热爱物理、热爱科学，将来成为一名工程师、科学家，成为一名对社会有用的人。

遇见科学

在漫长的历史长河中，我们的祖先经历了石器时代、青铜时代和铁器时代。他们凭借聪明才智和创造力，创造了无数令人惊叹的成就，特别是青铜文明的辉煌。然而，他们也留下了许多尚未被解开的谜题。

本讲将深入探讨一些古代文物和遗迹，揭示当时古人如何在技术有限的条件下制作和完成它们，以及采用了何种技术和方法。那些至今仍无法合理解释或还原的现象，也就是人们常说的"未解之谜"。近年来，科技工作者利用现代科学技术已经成功解开了许多历史上的谜团。

历史迷雾的真相正逐渐展现在我们面前。古代人类的聪明才智和中华文明的不断传承，使我们的文化自信得到加强，也加深了我们对中华民族漫长而独特旅程的理解。

一、那些还没有解开的"未解之谜"

1. 石器时代的古人，具备了怎样高超的钻孔技术

在现代材料加工技术中，要在坚硬材料上进行钻孔或打孔，尤其是要制作直径极小且表面极光滑的圆孔，通常需要依靠专门的工具。然而，考古学家们在研究中却遇到了一个令人困惑的谜题。在石器时代，古人常佩戴的玉石项链中，玉珠上的小孔直径甚至不足 1 mm。这种微小孔径的钻孔工作是如何完成的呢？考虑到石器时代缺乏金属工具，而玉石又极为坚硬，这显得

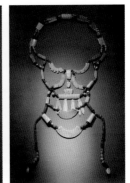

图 1-1　玉石项链

图 1-2　凌家滩玉人雕像

尤为神奇。有研究提出鲨鱼牙齿结合金刚砂进行钻孔的假设，但这一理论遇到了难题，因为鲨鱼牙齿的粗细远超 1 mm。

在安徽凌家滩遗址中出土的玉人雕像，其历史可以追溯到距今5800年至5300年的新石器时代。这些雕像身上的小孔直径仅为0.17 mm，这一发现让考古学家和科学家们困惑不解：古人使用了何种工具来完成这一细微孔径的加工呢？

图 1-3　玉琮王

图 1-4　玉琮王上精细的图案

图 1-5　带孔的玉器

位于浙江的良渚古城遗址，拥有5000 年的悠久历史，并以其出土的大量玉琮而著名。一件被誉为"玉琮王"的巨大玉琮格外引人注目。它的四个侧面和两个端面上雕刻着栩栩如生的神、人、兽面图案，这些图案通过浅浮雕和线刻技法精细雕琢而成。在不足 1 mm 的空间内，细致地雕刻了 3 至 5 条线，且这些线条宽度仅有几十微米。这些精巧雕刻背后的古代工匠所用技术是什么呢？

如今，玉雕大师们采用了目前最坚硬的钢刀——钨钢刻刀，以模拟雕刻"玉琮王"上的图案。但是利用现代技术进行的尝试，在雕刻效果及图案的精细程度上，都未能达到 5000 年前古代工匠的卓越水平。这促使我们思考：古代工匠究竟采用了哪些工具和技术来实现他们高超雕刻技艺的。

事实上，在金属（如青铜）工具尚未普及的石器时代，古人在追求美学的同时，也创造出了诸多带孔的玉器装饰品。这些作品不仅包括 5000 年至 6000 年前东北地区红山文化的"玉猪龙"，还有玉玦、玉管、玉镯、带孔玉刀等精美之物。

古代人类展现出的智慧与技艺确实令人赞叹，其复杂程度超出了现代人的理解。因此，我们应激发想象力，共同探索石器时代玉器加工技术的神秘之谜。

2. "薄如蝉翼"的汉代素纱禅衣，用了什么织布机

在考古领域，有机物的保存极为困难，特别是墓葬中的遗体和纺织品，这些材料很容易分解。因此，关于古代人类的外观、服饰及生活方式的直接信息十分罕见。

1972 年，在湖南省长沙市芙蓉区东郊 4 km 处浏阳河旁的马王堆街道，发掘出一座西汉时期的墓葬，即马王堆汉墓。这座墓葬的保存状况非常特殊，出土了一具保存良好、皮肤仍然有弹性的女尸，以及超过 3000 件的丝织品、帛书、帛画、漆器和中草药等遗物，是一项令人难以置信的发现。这些文物，许多被视为无与伦比的国宝。马王堆汉墓为研究汉代早期的葬礼制度、手工业技术、科学发展及长沙国的历史、文化和社会生活提供了珍贵的实物证据。

在马王堆汉墓中出土了两件素纱禅衣。一件衣长 1.28 m，袖长 1.9 m，重量只有 49 g；另一件虽在 1983 年部分损毁，但留有 48 g 的残骸。用"轻若烟雾"和"薄如蝉翼"来描述它们一点不夸张。湖南省博物馆委托了企业和研究机构尝试复制这些丝织品，但即使使用现代技术，也耗费了长达 13 年的时间。

这种"素纱禅衣"是如何织造出来的呢？其背后所依赖的技术是什么？在两千多年前的汉代，人们具备了何种水平的机械设计、制造及加工技术？

图 1-6　素纱禅衣

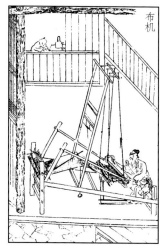

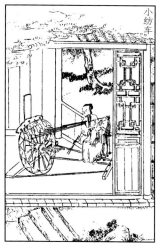

图 1-7　传统纺线机和织布机

这样一件既"轻若烟雾"又"薄如蝉翼"的素纱禅衣，显露出汉代手工业技术的高度发展水平。

这件素纱禅衣的所有者是辛追，西汉长沙国丞相利苍的妻子，她于公元前 186 年逝世，享年 50 岁。虽然辛追属于当时的贵族和富裕阶层，但还有地位更高和更富有的人物，如皇后、皇女、嫔妃，以及各类王和诸侯的夫人等。这表明当时的素纱禅衣生产规模较大，已经达到批量生产的程度。然而，由于这些古代纺织机械都是木制的，它们已经完全腐朽，消逝于历史长河，使得追溯它们的工作原理变得不可能。因此，素纱禅衣的纺织技术依然是个谜。

自汉代起，素纱禅衣的制作技艺不再流传，与之相关的设计和生产资料也未被保留。未有记录或图画表明后世王公贵族的夫人们穿戴过相似的服饰。唯一的线索来自唐代著名诗人白居易的诗作《缭绫》，通过它我们得以窥见汉代宫女编织缭绫的场景及其飘逸之美。

缭　　绫

【唐】白居易

缭绫缭绫何所似？不似罗绡与纨绮。

应似天台山上明月前，四十五尺瀑布泉。

中有文章又奇绝，地铺白烟花簇雪。

织者何人衣者谁？越溪寒女汉宫姬。

去年中使宣口敕，天上取样人间织。

织为云外秋雁行，染作江南春水色。

广裁衫袖长制裙，金斗熨波刀剪纹。

异彩奇文相隐映，转侧看花花不定。

昭阳舞人恩正深，春衣一对值千金。

汗沾粉污不再着，曳土踏泥无惜心。

缭绫织成费功绩，莫比寻常缯与帛。

丝细缲多女手疼，扎扎千声不盈尺。

昭阳殿里歌舞人，若见织时应也惜。

素纱禅衣的制作技艺之所以消失，可能与当时的社会环境和背景息息相关，构成了一个引人入胜的未解之谜。东汉晚期，瘟疫、自然灾害和战乱频发，导致中原地区人口锐减。据估计，人口减少了近80%～90%，有观点甚至认为"汉人几近灭绝"。在这样的动荡中，许多熟练的工匠可能因各种原因而死，进一步导致了手工技术的流失。然而，这只是一个假设，仍需专家详细研究。

3. "鬼斧神工"——战国早期曾侯乙尊盘留下的谜团

我们进行了一项调查，让学生们投票决定：在湖北省博物馆收藏的三件宝贵文物中，越王勾践剑、曾侯乙编钟和曾侯乙尊盘，哪一个的制造难度最大？大多数学生选择了越王勾践剑，而曾侯乙尊盘几乎没人选。然而，根据专家的评估，这些文物在制作难度上的排列顺序应为曾侯乙尊盘、曾侯乙编钟、越王勾践剑。这一排列顺序背后的原因是什么呢？

1978 年 2 月末，在湖北省随县（现随州市）城西两公里处的擂鼓墩东团坡上，发掘出了规模宏大的古代墓葬——曾侯乙墓。这座墓葬出土了超过 15000 件的青铜器、玉器、漆器、竹简等宝贵文物。其中，著名的包括 65 件曾侯乙编钟，这是迄今为止发现的最完整和最大的青铜编钟组。另外，一套较不为人注意的曾侯乙尊盘，虽在国家文物局的三批禁止出境展览文物目录中排在第 29 位，略低于曾侯乙编钟的第 27 位，却远高于越王勾践剑的第 112 位。

古代青铜器中的曾侯乙尊盘给人以深刻印象。其外观设计异常复杂且装饰精致，不仅展示了艺术创造力和美学特色，而且更显现了当时对金属加工设计和制造的高超技术。至今，仍难以"复制"出类似的作品。专家们对其制作工艺的理解存在分歧，但最新研究显示，它可能融合了两种不同的制作技术。

最初，这尊盘属于曾侯乙的祖父——曾侯舆。然而，曾侯乙后来将其祖父的名字从上面移除，并替换为自己的名字，这一行为明显表明了该青铜器

图 1-8　曾侯乙尊盘

在当时的珍稀。

从金属加工技术的视角看，曾侯乙尊盘可能并不代表当时金属加工技术的顶峰。因为参与此青铜器创作的工匠很可能曾经制作过其他类似但结构更复杂的作品。不过，它的特殊之处在于，这件作品偶然被保存下来，再次偶然地被发现。

实际上，令人震惊的不只是曾侯乙尊盘的制作技术。按照现代艺术创作或精密仪器制造的标准，从构思到绘图、设计、打样乃至最终制作的整个过程极为复杂，难度巨大。能够设计与制造尊盘的工匠，理论上能制作任意青铜器物，即便放在今天，这也需要极高水平的大师级技能。

为什么古人会制作这样复杂的青铜器？它仅作为一种温酒器，用于饮酒时的加热或降温，其设计理应更简单。那么，曾侯乙尊盘的创作初衷何在？探究这一点，无疑又是一个引人入胜的研究主题，有兴趣的同学可以尝试去探索这一历史之谜。

4. 王者之剑——越王勾践剑的秘密

越王勾践剑，被尊称为"王者之剑"，在其剑身上刻有八字铭文："越王勾践 自作用剑"，讲述了越王勾践卧薪尝胆的传奇。这把剑以其不朽的故事和三个谜题闻名：剑身的不生锈、菱形花纹以及剑首的同心圆。

就金属加工技术而言，青铜剑的结构较为简单，尺寸小，使其铸造过程相对简便。

"剑身不生锈之谜"的解释主要基于两点。首先，越王勾践剑由富含锡的铜-锡合金（Cu-Sn）制成，锡的质量分数为 16%~17%，超过其在铜中的最大固溶度 15.8%，这赋予了剑优秀的防腐蚀特性。其次，这把剑保存在具有出色密封性的望山一号楚墓中，且剑鞘为木制并涂有黑漆，为其防锈提供了强有力的保障。

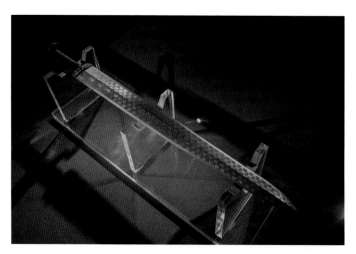

图 1-9　越王勾践剑

这一特殊的保存条件有效隔绝了氧气和湿气与剑身的接触，显著降低了氧化腐蚀的风险。合金成分与严密的密封防护相结合的双层保护机制，使得越王勾践剑能够在漫长的岁月中保持如初。

我们自然会好奇，古人如何制作出这些精细的菱形花纹？是否采用了铸造、錾刻或是使用强腐蚀性液体蚀刻的技术呢？细致观察菱形花纹与铭文之间的形态和层叠关系可能会让人联想到铸造或錾刻的技术。熟悉化学原理的读者可能会思考，如果物理方法难以完全解释，是否可以考虑使用化学腐蚀原理，如酸碱腐蚀等，来解释这些花纹的形成？虽然不一定正确，但目前看来是最合理的研究路径。

图 1-10　剑身上的铭文：越王勾践　自作用剑

现代蚀刻工艺广泛应用于铜及其合金的加工，如电子工业中的线路板、印染行业中的滚筒花纹，以及标识牌的制作。目前，主要有六种铜蚀刻液类型：酸性氯化铜、碱性氯化铜、氯化铁（三氯化铁）、过硫酸铵、硫酸＋铬酸、盐酸＋过氧化氢。关于古代青铜器是否采用了蚀刻技术及所用的腐蚀液类型，还需更深入的研究来确认，最理想的是能找到考古学证据支持。利用现代科学技术，如微痕量分析，可能有助于验证这些古老技艺的存在。

图 1-11　剑首的同心圆

　　"剑首同心圆之谜"在铸造工艺上确实构成了一个令人称奇的现象。尽管工艺上的解释已存在，但你可能仍好奇古人为何要在剑首创作如此细致与独特的同心圆，它背后的实际或象征意义是什么？一种看法认为，剑挂于腰间时，其首部向上，精细的同心圆设计更能吸引注意，可能旨在彰显剑的尊贵特性及佩带者的身份与地位。然而，鉴于需要近距离观察才能见到，其作为展示的机会相对较少，这个解释似乎并不充分。

　　这只是诸多未解之谜中的几例，还有更多类似的谜题待解。比如，当代的考古学家无法复原战国时期织物"罗"中使用的特定菱形纹理织法。现代纺织的"罗"在平整度和图案方面均无法与出土于湖北江陵马山一号墓的战国晚期织物相比。此外，河南博物院珍藏的贾湖骨笛，这支由鹤骨制成的骨笛令人惊奇，因为它已有 7800 年至 9000 年的历史，并能准确演奏七个音阶，是中国考古学中发现的最早乐器之一。

石峁遗址，一次石破天惊的考古发现，位于陕西省神木市高家堡镇，其历史为 4300 年至 4000 年前。这一遗址曾被视为"中国文明的前夜"，并被列入 2012 年中国十大考古新发现，同时也入选了"世界十大田野考古发现"与"21 世纪世界重大考古发现"。该遗址中发掘出的大型玉刀尤其引人注目，其长度接近 1 m，厚度却仅有 1 mm。在新石器时代缺乏金属工具的情况下，这种玉刀如何被精确切割和细致打磨的，依然是一个让人困惑的谜题。

二、科技解读：秦朝人是如何制作铜丝的

金属丝作为日常生活中的常用物品，从电线、钢索到订书钉、缝衣针等，使用范围极广。这些金属丝是通过一种称为拉拔的工艺制造的，其核心在于需用到较大的拉力，这通常由电动的机械设备完成。

在电力发明之前，古人是如何制造金属丝的？特别是在 2000 多年前的秦朝，人们如何生产出用于缝衣针和其他用途的金属丝？一个偶然的发现让我们通过材料科学的分析手段，解开了这个历史悠久的谜题。

1998 年，陕西省考古研究所重新探查并进行了小规模科学试掘秦始皇

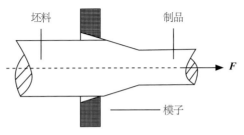

图 1-12　金属丝拉拔原理示意图

图 1-13　石质铠甲发掘现场

陵外城东南部的一处大型陪葬坑"K9801"，在此过程中发现了众多石质铠甲，成为继兵马俑和铜车马后的另一项重要发现。这些铠甲由均匀的青灰色石灰岩片和用以连接铠甲各部件的铠甲丝组成，铠甲丝宽约 4 mm，厚约 1 mm，形状为长数厘米的细条。修复后的石质铠甲现陈列于秦始皇兵马俑博物馆，供公众参观和欣赏。

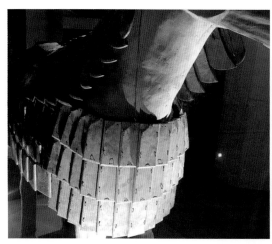

图 1-14　修复后的石质铠甲

研究人员对石质铠甲的生产工艺进行了全面分析，探讨了从材料选择、切割、磨光、设计、钻孔、雕琢、抛光到组装等多个步骤。然而，关于铠甲丝的具体制造过程，仍未有明确的阐述。

秦始皇陵兵马俑坑出土的众多精致青铜器显示，秦朝的金属加工技术已高度成熟。据此，可以合理推断，制作铠甲丝的工匠们肯定运用了符合当时技术水平的特殊工艺。

研究起始于对秦始皇兵马俑博物馆中铠甲丝残片的分析。这些铠甲丝残片表面均被一层较厚的青锈所覆盖。

通过能谱仪（EDS）分析，除了表层 $300\sim400\ \mu m$ 的含锡和氧锈层外，铠甲丝主要由纯铜构成，几乎无其他杂质。铜因其卓越的延展性、可锻性、导热导电性能及耐腐蚀性，在现代得到了广泛应用，非常适用于金属丝的制造。秦朝工匠选择纯铜作为铠甲丝的材料，体现了他们的高度专业性和智慧。

图 1-15　铠甲丝残件

（a）横截面　　　　　　（b）纵截面 A　　　　　　（c）纵截面 B

图 1-16　铠甲丝样品腐蚀后的光学显微镜形貌

对铠甲丝不同截面的腐蚀前后进行光学显微镜观察，揭示了以细小的 α-Cu 固溶体再结晶晶粒为主的结构，显著的退火孪晶组织也同样被观察到。背散射电子衍射（EBSD）测试进一步证明了，α-Cu 单相主要呈现为等轴晶形态，晶粒细小、分布均匀，尺寸在 $10\,\mu m$ 至 $20\,\mu m$，平均直径大约 $13.59\,\mu m$，未显示出明显的取向偏好。即便以现代铜制品的晶粒大小为参照，铠甲丝的晶粒尺寸仍属较小。这指出铠甲丝在投入实际使用前已经经历了精密设计的热处理过程，该过程涵盖了加热温度的精准控制、保温时间及冷却速度的调整等环节。

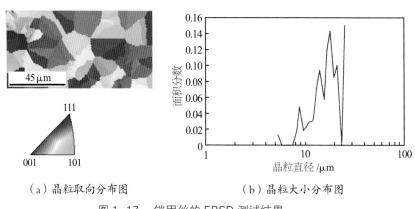

（a）晶粒取向分布图　　　　　（b）晶粒大小分布图

图 1-17　铠甲丝的 EBSD 测试结果

观察到铠甲丝中的长条形 Cu_2S 夹杂物表明，在铠甲丝的制作过程中遭受了显著的塑性变形。一般来说，Cu_2S 夹杂物呈现球形。鉴于秦朝的技术水平，工匠们不可能使用我们今天所熟悉的拉丝技术制作铠甲丝。因此，产生如此大幅度塑性变形的方法唯一可能的就是锻打。通过分析 Cu_2S 夹杂物的大小，并结合锻打模型，我们推测总的锻打变形率约为 75%，这是一个非常大的变形率。这意味着，我们所见的 1 mm 厚的铠甲丝，其原始铜铸锭的

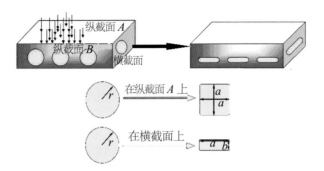

图 1-18 铠甲丝中 Cu_2S 夹杂物在锻打中变形过程的示意图

厚度大约为 4 mm。

综上所述，铠甲丝的制造流程大致可概括为：从冶炼纯铜开始，进而铸造成铜板，经过反复加热和锻打，把它压制成薄片，最后用钢刀或富含锡的青铜刀将薄片切割成细丝或条状。铜铠甲丝的生产过程，实质上与"擀面团和切面条"的家常做法颇为相似。

图 1-19 铜铠甲丝的制作过程类似于"擀面团和切面条"的过程

三、科技解读：三星堆青铜纵目面具的开孔之谜

三星堆遗址的考古发掘近年来受到广泛关注。该遗址可以追溯到公元前1200年到公元前1010年，有3000～3200年的历史，处于商代的晚期阶段。

三星堆的考古历程始于1927年，当时位于四川省广汉县（现广汉市）的农民燕道诚在挖掘水沟时意外发现了一件玉器，标志着三星堆考古研究的开始。自那以后，已经历经90多年，其间进行了数次关键的进一步发掘：

1986年7月，首次重要的二次发掘发生，当两名砖厂工人在三星堆附近取土时偶遇了后称为1号和2号的祭祀坑，其中出土了众多独特的文物，引发了国际关注。

2020年9月，发掘工作再次进行，揭示了6个新的祭祀坑，编号为3号至8号。此次发掘采用了多学科交叉研究方法，并利用现代科学技术对出土文物进行了保护与分析。

图1-20　青铜纵目面具

图 1-21　三星堆博物馆

　　三星堆考古引起广泛关注的原因不只是因为发掘出成千上万件珍贵文物和众多独特设计的青铜器，更因为它揭示了许多仍待解答的谜团。

　　特别地，一件被称作"青铜纵目面具"的作品，以其独一无二的造型著称。面具的尺寸为高 66 cm、宽 138 cm，重 71.1 kg，1986 年在 2 号坑被发现。现在，它的复制品作为象征性的标志悬挂于三星堆博物馆的顶部。

　　青铜纵目面具的解读众说纷纭。一般看法是，其形象或许与古代文献提到的蜀族始祖——蚕丛所具"纵目"特征相吻合，代表古蜀族的祖先神。同时，有观点认为这可能代表外星生命，暗示着神秘的宇宙联系。

　　如何制造青铜纵目面具，以及所使用的金属加工技术和工艺是什么？

制造青铜器是古代文明进步的关键指标，其技术水平展现了一个区域文化的发展水平。作为金属工艺品，青铜器不仅在历史、文化、艺术和考古学上具有深远影响，同时也体现了材料科学的应用。青铜技术的演进须依据材料科学的理论与原则。

无疑，"铸造"或"范铸法"构成了三星堆出土青铜器的主要生产技术。但是，对于青铜纵目面具额头中心和两侧耳朵附近四个"长方形开孔"的形成方式，存在不同的解释。这些开孔究竟是铸造时形成的，还是后期通过切割加工的？这一区分突显了金属加工工艺的显著差异，涉及加工复杂度、技术规范及水平。三星堆其他青铜面具上的相似"开孔"暗示了一致的加工方法，表明当时的工艺已经非常成熟，古代工匠具备了高度的技术掌握和熟练运用能力。那具体是怎样的技术手段呢？

最新的考古学观点认为，青铜面具上的"开孔"主要用于悬挂这近100 kg重的大型青铜面具，以便于进行祭祀活动。这一发现也成为三星堆博物馆屋顶装饰设计的灵感来源。

图1-22　青铜纵目面具的切口痕迹

确定青铜面具上的"开孔"技术需要解决一个关键问题：这些"开孔"是在青铜面具铸造前形成的，还是在铸造完成后加工的？

若"开孔"是在铸造前形成的，说明古代工匠在设计阶段已经预见到了挂钩孔的需求，并在模型设计时留出了开孔位置。随后，他们制作了相应的模型和铸造模具，并通过铸造过程得到了最终的带孔青铜面具。

如果"开孔"操作是在铸造过程完成后进行的，这意味着古代工匠最初可能并未考虑到面具未来的悬挂需求，而是基于后续特定用途才决定在青铜面具上添加"开孔"。这一步骤需采用切割技术，属于金属的冷加工过程，与热加工的铸造技术大相径庭，所用的工具和技术路径也截然不同。

观察青铜纵目面具额头中央的长方形开孔时，发现四个角处特有的"交叉"和"未穿透"痕迹。这类痕迹与使用现代砂轮切割机的切割痕迹相似，表明面具是先经铸造再经切割来完成开孔的。此外，开孔区域的边缘整齐、平滑，反映了操作者高超的切割技艺。

在三星堆的青铜面具上，还发现了一个未完成的开孔，似乎显示出切

图 1-23　青铜面具没有完成的开孔

割过程被意外中断并留下了"证据"。这支持了青铜面具先经铸造后进行切割开孔的制作流程。此外，这说明将青铜纵目面具悬挂可能是后期的临时决定，为研究三星堆文明的宗教和习俗提供了独特的历史与考古价值。

如果三星堆青铜面具上的开孔确实是通过切割技术完成的，那么古代工匠们具体采用了何种切割方法呢？

金属切割属于金属冷加工工艺。现代的切割技术主要有：砂轮片切割、金属片切割（分为有齿和无齿类型）、锯切割（分为有齿和无齿类型）、电火花线切割、火焰切割、等离子切割、激光切割、水射流切割及剪板机切割等。显然，除了前三种外，其余技术因需使用电力而不适用于古代。

锯切割被归类为"直线切割"技术，现今多用于制造片状物件，而在古代这些技术主要用于玉石切割，通常称作"解玉"，不过，这个方法不适用于开孔。另一方面，砂轮片和金属片切割属于"转轮切割"技术，不仅适合长距离的直线切割，也可用于短距离的圆形或曲线切割，即开孔操作。

现代砂轮片的主要类型包括树脂、橡胶和陶瓷砂轮片。它们是通过将磨料与结合剂混合，并经过压制成型、干燥及焙烧过程，制成具有高强度和韧性的砂轮片。所用磨料既包括天然磨料（如石英砂、石榴石、天然刚玉），也包括人造磨料（如合成金刚石、碳化硅、立方碳化硼等）。

图 1-24　砂轮切割片

图 1-25　金属切割片

金属片切割技术涉及使用高强度金属片来切割相对强度较低的金属或其他材料，如石头、木材等。

假如三星堆的古代工匠3000多年前应用了"转轮切割法"开孔，他们则面临两大技术挑战：一是选择适当的切割片，二是构造能够实现"高速旋转"的机械装置。

切割片的选择可能涉及三种方案，第一种是橡胶砂轮片。这种砂轮片通过将天然石英砂混入橡胶中，接着在高温高压下压制成型，这一过程无须电力，仅需人力即可完成。考古学家在一些青铜剑和戈的刃部经常观察到整齐的打磨痕迹，这可能指向机械而非手工打磨。机械打磨倾向于留下均匀的痕迹，而手工打磨则可能产生不规则的交叉痕迹。尽管推测这些痕迹可能源自类似现代砂轮的打磨技术，但考古挖掘尚未找到具体的砂轮遗迹。

第二种方案是石质切割片。有专家推测，三星堆工匠或许采用了硬度较高的石材，比如玉石，制造出圆形切割片，使用这类工具对青铜面具进行切割。

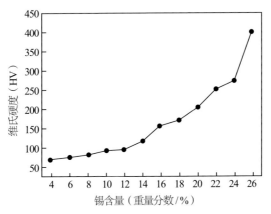

图1-26　铜－锡合金硬度随锡含量的变化曲线

第三种方案涉及青铜切割片。通常铜-锡合金的强度及硬度会随锡含量的增加而提高，主要是由于高锡含量促使合金形成固溶体，进而产生如 δ-Cu 相（$Cu_{31}Sn_8$）和 β-Cu 相（Cu_5Sn）等铜锡金属间化合物，这些化合物具有更高的硬度。研究表明，锡含量超过 25% 的合金硬度显著高于锡含量 10% 的合金硬度，甚至超过现有商用钢刻刀。因此，古代工匠使用高锡含量青铜刀片切割低锡含量青铜器不仅可行，而且符合当时对材料性能关系的认识，尤其在制作青铜面具开孔方面，高锡含量青铜刀片很可能是他们的首选工具。

为了实现高速旋转，古代工匠可能采用了"大轮带动小轮"的机械传动系统，这是一套在无电力条件下能实现高速旋转的方案。通过连接一个大齿轮和一个小齿轮，该装置能显著提高小齿轮的转速。这种传动机制在古代的各类工程和机械中已广泛应用，例如纺织车和水轮。三星堆的古代工匠可能利用类似机制，以完成青铜面具上开孔所需的高速切割。

一旦具备了切割片和动力源，如何设计一个高效的转轮切割装置就成了对三星堆工匠技术智慧的真正考验。通常有两种转轮切割方法：一种是保持切割机固定，而移动青铜器；另一种则是固定青铜器，而移动切割机。

鉴于青铜面具的较大体积和重量，使用固定青铜器、移动转轮切割机的方式更为可能。尤其是在面具耳部进行开孔，更是一项具有挑战性的工作。所需的切割机可能非常紧凑和灵活，能够在限制空间内操作，且必须结构坚固，以确保切割工作的顺利进行。这展现了古代工匠卓越的机械设计和加工技能。

尽管一些人可能对此类技术分析持怀疑态度，认为古代人不可能具备这样的高级技术，但三星堆遗址出土的一件象牙制品又一次证明了他们的技术

图 1-27　三星堆出土的象牙雕刻残片

水平。根据 2021 年 3 月 21 日的媒体报道，在 5 号祭祀坑中发现了一件细小的象牙工艺品，上面雕刻有 9 个精细的鱼翅纹样，其中最小的线条间距甚至不到 50 μm，类似于在米粒上雕刻微小细节，展示了古代工匠即便在无显微镜的条件下也能达到惊人的技艺水平。

象牙微雕的纹饰轨迹明显不同于刀具雕刻，实际上是通过微型转轮雕刻技术完成的。这项技术在玉石加工行业内被称作轮磨或细工技术，依赖于特制的工具，如铊工具系列，包括各种形态的铊，如侧铊、錾铊、冲铊、扎铊、勾铊等。

将青铜面具的"开孔"和象牙的"微雕"进行比较，二者展现了一致的技术特性，即利用高速旋转进行切割或打磨。从技术层面来看，象牙微雕的难度更大！故此，若三星堆工匠能在象牙上雕刻出小于 50 μm 间隔的纹路，则在青铜面具上实施"开孔"技术相对简单。

虽然缺乏电力和现代工艺，古代工匠依靠其聪慧与技巧，数千年前便达到了金属冶炼和青铜器制作的技术高峰。

期望未来的考古挖掘能揭示青铜加工工具与设施，进而为高速旋转切割（打磨）技术提供更多实物证据。

考古发掘多集中于墓葬，出土物件多为墓主生前珍贵之物，很少包括生产性工具。只有当挖掘到如"加工作坊"等专业场所时，才可能发现这类工具。

考古学研究常似解谜，探寻文化和历史的"孤儿"起源，虽逻辑推断其必有"源头"，但追寻这源头极具挑战，连"孤儿"的诞生地与时间都成谜题。这便是考古学追寻证据的挑战所在。

图 1-28　玉石加工中轮磨工艺或细工工艺的专用工具

中国虽富文字记录，仅凭史书却难获全貌。记载或残缺不全，或出自后人及非专家之手，抑或后续基于传说补充，有时甚至有误解抑或错漏。是以，综合科学技术研究与考古发现，方能深度解析文物之谜，确证其时代与真实历史。

科技与考古的融合，映射了自然与人文科学的汇聚，构成现代考古学的魅力。借助先进自然科学技术与成就，我们憧憬揭开更多历史长河中的"未解之谜"。

　　创新是推动人类文明持续发展的关键力量，是不变的追求。不论是国家、民族、企业还是个人，均需致力于创新以达成卓越。在众多创新途径中，学科间的融合尤为关键。历史上，众多科技创新成功案例均体现了这一点，据统计，在过去百年诺贝尔奖得主中，超半数涉及学科交叉。例如，2003 年诺贝尔生理学或医学奖授予保罗·劳特布尔和彼得·曼斯菲尔德，表彰他们在核磁共振成像技术（MRI）上的创新，这项技术是物理学与生命科学交叉的成果。2016 年诺贝尔化学奖颁给三位科学家，以认可他们在设计和合成分子机器方面的贡献，此成就跨越了化学、物理学及生物物理学等多个学科领域。

　　科技与考古的结合，将自然科学和人文科学融为一体，展现了现代考古学的魅力。利用科学技术，考古学家能够复原古人的生活模式和探究古文化的演进，带来了许多创新成果。例如，2022 年诺贝尔生理学或医学奖颁给斯万特·帕博，表彰他在研究已灭绝的古人类基因组及人类进化方面的工作。此外，古代青铜器研究亦取得重大突破，如成书《中国古代青铜器的现代材料学》（潘春旭著）。

　　随着科技的进步，考古学在提取古遗址信息方面取得了飞跃，使得文物研究更加深入。新兴的自然科学技术被广泛用于文物的发掘与保护，同时，这些技术的发展也为考古提供了新的路径。

　　创新永无尽头。特别对于青少年而言，培育创新精神和能力显得尤为关键。这要求他们吸纳多方面知识，并在学科交叉中寻找创新的火花。

　　现在，让我们携手前行，共创未来。

扫码观看本讲视频

神奇的光

——现象与物理

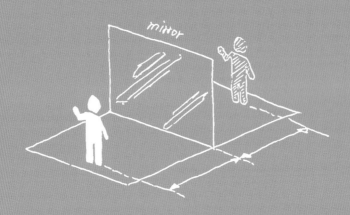

走近科学家

科教报国，勇做追光者

王胜，武汉大学物理科学与技术学院教授、博士生导师。2014 年获中国科学技术大学物理学学士，2020 年获美国加州大学伯克利分校物理学博士，随后在美国洛斯阿拉莫斯国家实验室从事博士后研究工作。他是武汉大学"90后博导"，他轻剑快马闯荡"纳米江湖"，作为地道湖北娃，展现真挚家国情。

实现高水平科技自立自强，是实现中国式现代化的关键。作为新时代的留学归国青年，我要秉承前辈们留学报国的光荣传统，把握机遇、迎接挑战，不负伟大时代。我主要从事纳米光学和量子光学方面的研究。在这些研究中会遇到很多有趣的物理，这是我非常感兴趣的，同时，还贴合了国家在微纳光子学和光量子芯片等方向的重大需求。我将同广大新时代的中国青年一起，将个人的兴趣志向和价值追求，同国家的宏伟蓝图紧密相连，为实现国家科技自立自强，贡献智慧和力量。

潜心立德树人，执着攻关创新，我将把论文写在祖国的大地，把红旗插上科学的高峰。

遇见科学

　　当我们仰望浩瀚的星空，被落日的绚丽余晖所吸引，或是通过玻璃棱镜观察到五彩斑斓的光谱时，我们不仅是在欣赏自然界的美丽，也在体验光学世界的奇妙。光，作为自然界中最引人入胜的现象之一，不仅为宇宙添加了色彩和光彩，而且是物理学研究中不可或缺的基本元素。它是自然界中的艺术家，也是科学探索的向导。

　　早在我国的春秋战国时期，先贤墨子就在其与众弟子所著的《墨子》中总结出光的传播与成像规律，开辟了光学研究的先河；如今，极紫外光刻机、太阳能电池等现代光学产业的发展又给我们提供了更精密的器件制造能力和更高的光能利用效率，深刻地改变着我们的生活和生产方式；而通过人工制备出纳米光学结构，科学家们更是能够自由调控光的传播、透射和反射等特性，从而使"隐身衣""光子芯片"等高科技光学产品从空想变为现实。

　　本讲将从光学的发展历史出发，与读者一起重温人类在探索光学本质的征途上不断接近科学真理的过程，然后介绍生活中的光学现象与物理，最后探讨现代光学前沿课题——纳米材料与纳米光学，让读者能在了解光学原理的基础上领略人类在光学学科所取得的惊人成就，并对光学学科产生浓厚的兴趣与研究热情。

一、光学简史

1. 中国古代光学

中国古代光学的发展可以追溯到春秋战国时期。春秋末期战国初期的宋国人、墨家学派的创立者墨翟（后人尊称为墨子）就已经开始了对光学成像原理的观察和研究。在墨子和众弟子所著的《墨子》书中，其《经下》《经说下》篇中有连续八条文字记载了与几何光学有关的内容，这八条文字探讨了"光"与"影"的关系，详细描述了光的直线传播、小孔成像、凹面镜和凸面镜成像、光的反射等光学原理，这八条文字也被后人统称为"墨经八条"。"墨经八条"的提出比古希腊欧几里得所著《光学》的时间提早了一百多年。

关于平面镜成像的规律，《墨子》中这样描述："非独小也，远近临正鉴，景寓。貌能白黑、远近施正，异于光。鉴、景当俱就，去亦当俱。俱用北。"意思是，平面镜只能产生物体的单个影子，影子的形态、明暗、远近、倾斜程度，都是由于光线反射到镜中而形成的；影子应当与物体的运动规律一样，当物体远离镜子时，影子也应当远离镜子，影子与物体彼此相背而行。文中清晰地指出了平面镜成像的规律：平面镜只能成一个像，且像与物的形态相同，运动规律相对于镜子一致。

关于小孔成像的规律，《墨子》中这样描述："景：光之人煦若射，下者之人也高，高者之人也下。足敝下光，故成景于上；首敝上光，故成景于下。"意思是，影子，光线照射人物，如果通过小孔，其路径直如箭矢。光线从下方射入时，影子形成于高处；光线从高处射入时，影子形成于低处。如果人的脚遮挡了下方的光线，则所形成的影子出现在上方；如果人的头部遮挡了上方的光线，则所形成的影子出现在下方。文中以人的成像为例子，

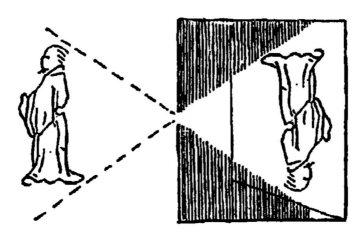

图 2-1 "墨经八条"中的小孔成像

生动地描述了小孔成像的原理与规律，即光线沿直线传播，通过小孔成像时，成像对象与物体本身的位置关系呈现上下颠倒。

"墨经八条"虽然篇幅不长，且其对光学现象的描述主要是定性的，但所记载的光学实验结果与近现代光学实验的发现完全一致，深刻地展示了我国古代在光学研究方面的系统性和准确性。如今，"墨经八条"已被公认为世界上最早的关于几何光学的文献，对中国乃至全球光学的发展产生了开创性的影响。同时，中国科学技术大学的潘建伟团队研制的中国首颗量子科学实验卫星命名为"墨子号"，以此纪念墨子在光学领域的杰出贡献和不可磨灭的影响。

在《墨子》之后，中国古代光学在不同时代均有所发展。西汉淮南王刘

图 2-2 《淮南万毕术》中记载的利用镜面反射原
理制造潜望镜的方法

安曾经在《淮南万毕术》中记载了如何利用简单的家用设备制造光学潜望镜
的方法:"取大镜高悬,置水盆于其下,则见四邻矣。"其原理是通过"大镜"
和"水盆"的两次镜面反射,就可以在水面上看到邻居家的情况;在其所著
的《淮南子》中,更是记录了利用凹面镜和凸透镜的聚光本领进行生火的方
法:"阳燧见日,则燃而为火"。晋朝时期崔豹所撰《古今注》中则同样记
载了凹面镜聚光的本领,并进一步提到了凹面镜成像的规律:"阳燧,以铜
为之,形如镜,照物则影倒,向日则生火,以艾炷之则得火。"对于充当凹
面镜的"阳燧",宋代沈括的《梦溪笔谈》里则解释得更为清楚:"阳燧面洼,
向日照之,光皆聚向内。离镜一二寸,光聚为一点,大如麻、菽,著物则火
发,此则腰鼓最细处也。"在这些文献中,古人利用各种光学器件对光进行
操控和利用,体现出我国古代光学的蓬勃发展。

2. 近代光学：从波动说与微粒说之争到波粒二象性

在近代，光的本质一直是光学研究的核心话题，这一问题的探索也促进了物理学从经典力学向量子力学的演进。法国科学家勒内·笛卡儿在1637年发表的《折光学》中，提出了两个关于光本质的假设：一是光可能是一种微粒状物质；另一是光可能是一种通过"以太"传递的压力波。这两种假设奠定了后来关于光的粒子说与波动说争论的基础。

第一次波粒之争——牛顿微粒说的胜利

17世纪中期，光学领域经历了关键性的进展。1655年，意大利波洛尼亚大学的数学教授格里马第在观察置于光线下的小棍子影子时，首次描述了光的衍射效应。他根据这一发现推测，光可能具有类似水波的波动特性，并通过实验得出，光类似于水波那样可以进行波动运动，其颜色的差异源自不同的波动频率。格里马第的这一发现和理论使他成为光波动说的早期倡导者，对波动说的后续完善和发展做出了创始性贡献。1663年，英国科学家罗伯特·波义耳首次观察并记录了肥皂泡和玻璃球在阳光下展现的彩色条纹现象，而他的助手，后来成为著名物理学家的罗伯特·胡克，复现了格里马第的衍射实验。结合波义耳关于肥皂泡颜色的观察，胡克提出光的颜色由其波长决定，并认为光是在以太中传播的纵波。这一理论让胡克成为波动说中最为坚定的支持者之一。

进入1672年，英国科学家艾萨克·牛顿，物理学史上的杰出人物，在其发表的《关于光和色的新理论》论文中，进行了一项划时代的实验，深刻地改变了人们对光本质的理解。该实验，即著名的光色散实验：在暗室中设一个小孔，引入太阳光，并通过三棱镜分解该光束，牛顿在暗室墙上观察到

图 2-3 牛顿和光的三棱镜色散

一个从红到紫的连续色谱。牛顿从微粒说视角来解释此现象，提出太阳光由不同颜色的微粒构成，且三棱镜的功能在于分离这些微粒，形成可观察的光谱。

克里斯蒂安·惠更斯，荷兰的天文学家、物理学家和数学家，坚定地支持波动说。1666 年，他应邀至巴黎科学院，深入研究物理光学，并细致复现了格里马第与牛顿的实验，从而发展了一套系统的波动说理论。惠更斯提出了光为一种机械波的理论，认为光的传播依赖于一种名为"以太"的介质，这种介质支持光的纵波传播。他进一步阐述，光波前的任一点都可以视为新波的波源。这些波源产生的球面波的共同包络面，形成了新的光波前，即著名的"惠更斯原理"。利用这套理论，惠更斯用数学手段完整推导了光的反射和折射定律。

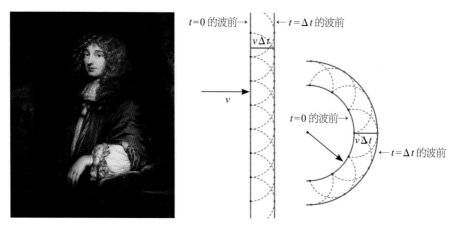

图2-4 惠更斯和"惠更斯原理"示意图

随着1695年惠更斯和1703年胡克——波动说的两位领军人物的相继去世，波动理论失去了其主要支持者，导致微粒说在学术争论中再次占据优势。胡克去世后，牛顿接任英国皇家学会主席，并于1704年发表了影响深远的《光学》。该书基于微粒说视角，依托牛顿在《自然哲学的数学原理》中建立的力学体系，深入阐释了光的反射、折射和透镜成像等现象，获得巨大成功。牛顿的高度权威使得在整个18世纪，科学界广泛接受了由微粒组成的光的观念，微粒说在这一时期在科学界确立了主导地位。

第二次波粒之争——电磁波波动说的胜利

18世纪末期，随着德国自然哲学的发展，人们开始勇于挑战旧有权威，为质疑光的微粒说铺垫了思想基础。1800年，英国物理学家托马斯·杨发

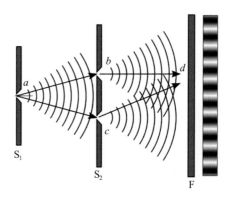

图 2-5　托马斯·杨和杨氏双缝干涉实验示意图

布论文，推测光可能是以"以太"为介质的弹性波，呼应了惠更斯和胡克的波动理论。随后，在 1801 年，托马斯·杨进行著名的杨氏双缝干涉实验，实验证明光波的干涉现象：通过两个平行狭缝发生干涉后，在屏幕上形成明暗交替的条纹。杨在《哲学会刊》首次提出"光的干涉"概念，并在 1807 年的《自然哲学讲义》中，利用精细的数学分析对干涉条纹的分布进行了描述，其理论和实验结果高度一致。这一系列工作使得长期无人质疑的牛顿微粒说受到了挑战。

　　1818 年，法国科学院的一次论文征集中，奥古斯丁·让·菲涅耳提交的论文采用光的波动说理论，通过精细的数学推导来解释光的衍射现象，但遭到评委之一、法国科学家西莫恩·德尼·泊松的质疑。泊松基于菲涅耳的理论预测，认为若光源后放置一遮光圆板，则在其阴影中心应出现亮斑，这

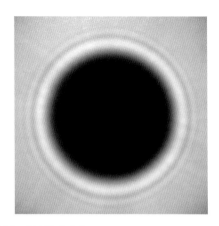

图 2-6 泊松和"泊松亮斑"

个预测看似荒谬。然而，菲涅耳与多米尼克·弗朗索瓦·让·阿拉果实际进行实验后，确实观测到了这一"泊松亮斑"，从而强力验证了光的波动说。这个意外的发现不仅证明了波动说的正确性，而且"泊松亮斑"也成了波动说证据中的关键例证。

在 19 世纪中期，随着科学家们逐步发掘电学与磁学之间的密切联系，电磁波理论的雏形开始显现。英国的物理学家兼数学家詹姆斯·克拉克·麦克斯韦，基于对电场与磁场现象的深入研究，推导出了描述这两种场相互作用的四个方程，即众所周知的"麦克斯韦方程组"。1864 年，他在《电磁场的动力理论》一文中首次提出电磁波的概念，并通过方程预测了电磁波速度与已知的光速相匹配，从而提出了革命性的观点：光实际上是一种电磁波。这一假设后来由 1887 年德国物理学家海因里希·鲁道夫·赫兹的实验证实，

他不仅发现了电磁波，还测量了其速度，从而坚实了麦克斯韦的理论基础。赫兹的实验不仅证实了电磁波的存在，也为"光即电磁波"的理论提供了确凿证据，使光的波动说在科学界获得了决定性的胜利。

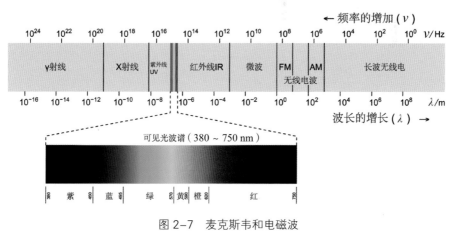

图 2-7　麦克斯韦和电磁波

第三次波粒之争
——波动说、微粒说的和解与波粒二象性

　　20 世纪初，科学界的光学研究从经典转向量子领域。德国物理学家马克斯·普朗克在黑体辐射研究中发现，若假设电磁波的能量吸收与释放为离散过程而非连续，计算结果才与观察一致。1900 年 12 月 14 日，他在《黑体光谱的能量分布》中首提"能量子"概念，挑战了传统的连续性世界观。

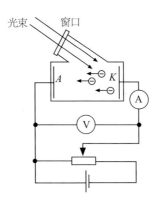

图 2-8　爱因斯坦和光电效应示意图

　　狭义相对论的创始人、近代最伟大的物理学家之一的阿尔伯特·爱因斯坦，1905 年以光电效应的研究进一步论证光的粒子性，提出光由离散的"光子"组成，每个光子携带的能量是其频率与普朗克常数的乘积。1917 年，他的《辐射的量子理论》中预测了受激辐射，为激光技术奠定理论。因解释光电效应，爱因斯坦于 1921 年荣获诺贝尔物理学奖。

　　光的本质，究竟是波还是粒子？长久的争论最终归结于"波粒二象性"的共识。1924 年，法国物理学家路易·德布罗意在他的博士论文《量子理论研究》中提出，不仅光子，连电子等所有微观粒子也同时表现出波动性和粒子性，引入了"物质波"这一革命性概念。这意味着光不单纯是传统意义上的波或粒子，而是同时具备两者属性的微观实体，展现出波粒二象性。光还有其他独特性质，比如能在真空中传播，光速恒定不变，与观测者的参考系无关。自 1637 年笛卡儿首次提出光的两种本质假说，光的波粒二象性理论终于在 20 世纪画上圆满句号，为旷日持久的波动说与微粒说之争带来了和解。

激光的诞生

爱因斯坦在《关于辐射的量子理论》中预言了受激辐射过程，催生了激光——现代光学产业的重要支柱。如今，激光技术已广泛应用于各个领域，影响深远。

1960 年 7 月 8 日，美国物理学家西奥多·梅曼制造了首台激光器，采用红宝石作增益介质。激光的独特性质，如高功率密度、良好单色性、小发散角及高相干性，使其在材料加工、医疗、通信及国防等领域发挥重要作用。激光技术的进展主要聚焦于缩短时间尺度和提高能量密度。现代激光器能达到阿秒级（10^{-18} s）时间尺度，用于研究电子动力学；其功率密度可达 $10^{21} \sim 10^{22}$ W/cm^2，助力探索亚原子物理。激光技术的全面应用，为探索及操控光与物质的相互作用提供了新途径，极大扩展了光学的应用范围。

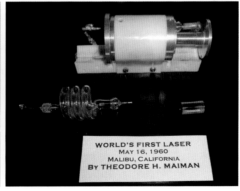

图 2-9 梅曼和第一台红宝石激光器

激光与诺贝尔奖

2023年10月3日，诺贝尔物理学奖授予了三位科学家，以认可他们在产生阿秒光脉冲方面的实验成就。这些科学家包括美国俄亥俄州立大学的皮耶尔·艾格斯蒂尼、德国马克思·普朗克量子光学研究所的费伦茨·克劳斯及瑞典隆德大学的安妮·吕利耶。阿秒光脉冲能匹配电子运动的时间尺度，使得科学家能通过光电效应研究，详细观测到电子电离的顺序。阿秒激光技术也在电子定位、超快光电器件制造和分子分析等领域展现出极大潜力。

在诺贝尔奖历史上，光学领域的获奖成果占据了显著比例，特别是自1960年首台激光器问世后，与激光相关的奖项成为光学获奖研究的重点。1964年，激光的前身微波激射器（MASER）的研究使汤斯、巴索夫和普罗霍罗夫获得了诺贝尔物理学奖。此后，包括基于激光的全息照相术的伽博·丹尼斯（1971年）、激光光谱学的贡献者尼古拉斯·布隆伯根和阿瑟·肖洛（1981年）、激光冷却技术及玻色-爱因斯坦凝聚态的朱棣文等（1997年）、飞秒激光观测化学反应的哈迈德·泽维尔（1999年）、光纤通信技术的高锟（2009年）以及"光学镊子"和超强超短脉冲激光的亚瑟·阿

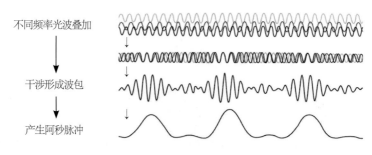

不同频率光波叠加

干涉形成波包

产生阿秒脉冲

图 2-10　阿秒脉冲产生原理示意图

什金等（2018年）均荣获诺贝尔奖。光学技术已成为现代科学研究的核心技术，涉及物理学、化学、生理学或医学等多个领域。

现代光学产业

光学技术在现代科技领域占据核心地位，既推动了科学与工程的发展，也在提高日常生活的效率与性能方面发挥了重要作用。特别是在先进制造与量子计算等先端领域，光学技术的贡献不可小觑。激光技术的广泛应用，如激光打标、切割、焊接，已成为各行各业的标准配置。在芯片制造——工业技术的顶尖领域，光刻技术是生产高性能芯片的关键。光刻机利用光学系统将图案精确转移到衬底上，制造出纳米级的芯片结构。光刻精度受到激光波长限制，对于低于 7 nm 的高精度需求，需采用极紫外光（EUV）技术。目前，只有荷兰的 ASML 公司能够生产 EUV 光刻机，而我国研发的光刻机精度仍处于 90 nm 级别，面临光源稳定性、光学镜片、掩膜制备与精密机械

图 2-11　ASML 公司研发的极紫外光刻机

加工等多方面挑战。为了缩小与国际先进水平的差距，我国迫切需要突破这些关键技术难题。

量子计算机利用量子力学的原理，以量子比特（Qubit）作为计算的基本单位，能够通过并行处理实现指数级的计算加速。与传统的二进制比特相比，量子比特不仅有两个量子态——0和1，还存在一种称为叠加态的状态，即同时具有0和1的概率幅。这种独特的状态使得量子计算机能在特定条件下同时处理多重计算任务，实现并行运算。当前，量子计算机采用的物理系统包括原子、离子和光子等，而中国科学技术大学潘建伟团队开发的"九章"光量子计算原型机，通过光子来执行计算。该原型机实现了420个量子比特的运算能力，一度成为世界上规模最大的单光子光量子计算原型机之一。"九章"光量子计算原型机的研制成功及其实验的进行，标志着中国在量子计算领域的突破，并对全球量子计算技术的发展产生了显著影响。

除上述光学产业以外，高效光伏产业、空间望远镜、虚拟现实技术、激光武器等前沿光学技术的发展，都为我们社会的进步做出了显著贡献。综合来看，从中国春秋战国时期墨子对光学规律的总结，经过惠更斯光波动理论的提出、麦克斯韦方程组及电磁波理论的形成、波粒二象性的概念引入，到第一个红宝石激光器的研发，再到今日阿秒光脉冲等尖端光学技术在科研与生产中的应用，人类对光的认识及操控能力持续增长。光学的进展对人类社会的演化和民生改善产生了深刻影响。

二、生活中的光学现象与物理

1. 天蓝、云白与夕阳红

仰望天空，我们见到的是蔚蓝的天空和洁白的云朵；而到了傍晚，便能观赏到绚烂的红色夕阳。这些日常所见的自然现象背后，隐藏着丰富的光学原理。天空之蓝、云朵之白、夕阳之红，这些现象的颜色变化都与光的散射密切相关。

图 2-12　天蓝、云白与夕阳红

散射的定义与条件

光的散射是光束通过不均匀介质时发生的现象，其中光线在介质界面处反射与折射，导致光能量非直线传播，而是向多个方向分散。散射发生的前提是介质光学性质的不均一性，如固体内的缺陷或杂质、液体中的小气泡或颗粒、气体中的灰尘或小水滴等。

散射的过程较为复杂，涉及衍射光学与统计光学的理论。散射光场的性质依赖于散射元素的大小、形态及其微观结构，以及散射元素间的平均距离。

散射的分类

散射根据入射光波长的改变可分为弹性散射与非弹性散射。弹性散射中，散射光的波长与入射光相同，表明光子能量未变；而非弹性散射涉及散射光波长相对入射光的变化，光子能量因散射而增加或减少。依据散射过程，弹性散射进一步分为瑞利散射与米氏散射，非弹性散射则包括拉曼散射、康普顿散射等类型。

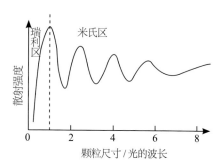

图 2-13　散射颗粒尺寸与散射类型的关系

对于弹性散射，散射颗粒的尺寸是决定散射类型的关键因素。

当散射颗粒的大小远大于光波长，介质对入射光看起来是均匀的，不会发生散射。散射颗粒的大小接近光波长时，如胶体、乳浊液、烟雾和灰尘，会引发米氏散射。这种散射不会改变光的波长，其强度与频率的二次方成正比，且米氏散射具有较明显的方向性。当散射颗粒的大小相对于光波长较大时，米氏散射强度与波长的依赖性减弱。

而对于远小于光波长的散射颗粒，如气体分子，会发生瑞利散射。瑞利散射同样不改变光波长，但其散射强度与波长 λ 的四次方成反比，与频率 ω 的四次方成正比，这一关系可表述为：

$$I(\omega) \propto \omega^4 \propto \frac{1}{\lambda^4}$$

所以说，对于瑞利散射而言，波长越小的入射光，散射越强烈。

天蓝——瑞利散射

天空的蓝色主要是由瑞利散射引起的。地球大气主要由氮气和氧气构成，这些气体分子的直径远小于可见光的波长。因此，在晴朗的日子里，太阳光穿透较薄的大气层时会经历瑞利散射。此外，太阳光的光谱大部分集中在 500 nm 附近，正好位于蓝光和绿光的交界。瑞利散射的波长依赖性与太阳光谱的集中特性相结合，使得较短波长的蓝色光比较长波长的光更易于被散射，从而使天空呈现蓝色。

夕阳红——瑞利散射

夕阳的红色也源于瑞利散射。在日出和日落时，太阳位于地平线附近，此时阳光须穿越更厚的大气层，导致其在大气中的行程延长。由于瑞利散射对波长的选择性，大部分短波长的蓝光在抵达地面前已被散射，到达地面的主要是波长较长的红至橙色光，因此夕阳显橘红色。

此外，天空颜色的形成归因于大气中气体分子对太阳光的瑞利散射。若无大气层，则无散射现象，天空将显黑色，宇航员在月球上的照片验证了这一点。

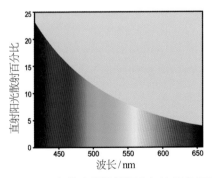

图 2-14 光的瑞利散射概率与波长的光系

云白——米氏散射

在晴朗天气下，云朵之所以呈现白色，是因为米氏散射作用。云是由无数小水滴或冰晶构成的，这些微粒的大小与可见光的波长类似。米氏散射对波长的选择性很差，因此当阳光穿透云层时，云内的微滴会均匀散射所有颜色的光线，方向广泛，同时，较大的水滴会直接反射阳光的白光。因此，云朵的颜色基本与太阳光相同，在晴天显白。日出或日落期间，由于瑞利散射作用，剩余的光线主要为红橙色，导致云朵呈现出红色，形成了朝霞和晚霞的壮丽景象。

图2-15　日落后的瑞利散射现象

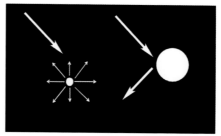

图2-16　云朵中的小水滴发生散射，大水滴发生反射

2. 光纤导光原理

我们知道，利用光纤可以将光信号进行几乎无损的长距离传导，这也是如今互联网接入千家万户的关键性技术之一。为什么光纤能够无损传导光线呢？这与光的全反射原理有关。

斯涅尔定律与全反射

一般来说，光线在经过两个不同介质的分界面时，将发生折射与反射现象。早在1621年，荷兰物理学家斯涅尔就通过实验得到了光在经过介质分

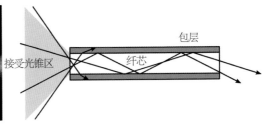

图 2-17　激光的全反射　　　　图 2-18　光通过多模光纤的传播

界面发生折射时折射角遵循的定量规律，即斯涅尔定律：

$$n_1 \sin \theta_1 = n_2 \sin \theta_2$$

其中 n_1 和 n_2 分别代表入射介质和折射介质的折射率，θ_1 和 θ_2 分别代表入射角和折射角。当光线从光密介质射入光疏介质（即 $n_1 > n_2$）时，此时光线的折射角将大于入射角（即 $\theta_1 < \theta_2$）。若不断增大入射角，则 $\sin \theta_2$ 也随之不断增大，当 $\sin \theta_2 = 1$，即 $\theta_2 = 90°$ 时，那么折射光线将不复存在，介质分界面处只会发生光的反射，这就是全反射现象，此时的入射角被称为全反射临界角，即

$$\theta_c = \theta_1 = \arcsin\left(\frac{n_2}{n_1}\right)$$

此时，光的能量将全部反射回光密介质，而不会穿过介质分界面进入光疏介质，这就是光纤能够远距离无损传导光的理论基础。

光纤结构

光纤是由纤芯和包层构成的同心玻璃体。纤芯为光纤中心处较小的柱体，其直径一般为 2~50 μm；而包层与纤芯同心且包裹着纤芯，其外径

一般为 125~140 μm。对于石英光纤而言，其主要成分为高纯度二氧化硅（SiO_2）。在纤芯区域，通过添加少量掺杂剂（如五氧化二磷和二氧化锗）可以提高纤芯的折射率，使其相对于包层来说成为光密介质。此时，如果入射进纤芯光线的入射角小于全反射临界角，那么光线将在纤芯中发生全反射而不会通过折射进入包层，这样就实现了光线的无损远距离传输。

3. 照相机与显微镜

照相机和显微镜是常见的两种不同的光学工具，它们分别用于捕捉和观察不同尺度的图像。其中：照相机用于捕捉可见光中的静态或动态图像，将较大的景物转换为胶片或电荷耦合器件（charge coupled device，CCD）上的小图像，广泛应用于摄影和摄像；而显微镜则专门用于观察微小物体，用于科学研究和医学领域。照相机和显微镜都在不同领域中发挥着重要作用，帮助我们更好地理解和记录世界，而这两种光学工具的成像原理均是透镜成像规律的不同应用。

照相机成像原理

在初中时，我们都学习过薄透镜成像公式，即

$$\frac{1}{f} = \frac{1}{u} + \frac{1}{v}$$

其中：f 表示薄透镜的焦距；u 表示物体到薄透镜光心的距离，即物距；v 表示像到薄透镜光心的距离，即像距。当 $u > 2f$，即物体放置在距离薄透镜两倍焦距以外的位置时，像距满足 $f < v < 2f$，此时物体经过薄透镜成倒立、缩小的实像，这也是照相机的工作原理。

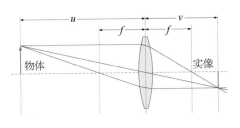

图 2-19　薄透镜成像原理

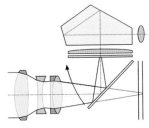

图 2-20　单反相机工作原理

以单反相机为例，远处的景物通过镜头组成的透镜组，在底片上呈倒立、缩小的实像；而反光板及相关光学组件则能够将缩小的实像通过多次镜面反射传输至目镜中，人眼通过取景器进行观察，则能够看到和底片上实际拍摄范围基本一致的景物图像。

显微镜成像原理

显微镜成像原理与照相机恰好相反：照相机通过透镜使像缩小，而显微镜通过透镜使像放大。具体而言，显微镜的成像分为两步：第一步，将微小的样品放置于物镜的一倍到两倍焦距之间，此时样品通过物镜成放大、倒立的实像；第二步，将在上一步中所成的实像作为目镜成像过程中的物，此时该实像通过目镜成正立、放大的虚像。通过这两步放大成像，微小样品的放大倍率将被极大地提高，使得我们可以通过显微镜观察到微米级别的物体。

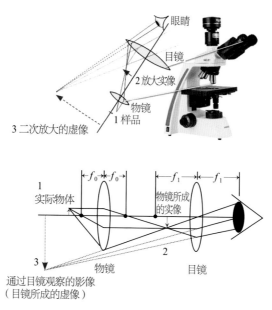

图 2-21　显微镜工作原理

4. 蝴蝶翅膀和变色龙的颜色

某一年的高考语文作文题目曾引发社会的广泛争议，它的题目是这样的：

科研人员特地设计了一个有趣的实验，让同学们亲手操作扫描式电子显微镜，观察蝴蝶的翅膀。通过这台可以看清纳米尺度物体三维结构的显微镜，同学们惊奇地发现：原本色彩斑斓的蝴蝶翅膀竟然失去了色彩，显现出奇妙的凹凸不平的结构。原来，蝴蝶的翅膀本是无色的，只是因为具有特殊的微观结构，才会在光线的照射下呈现出缤纷的色彩……

这道作文题目一出，立刻引发了物理学家们的广泛热议，因为扫描式电子显微镜利用电子束进行成像，得到的显微图像本就没有颜色。而蝴蝶翅膀到底有没有颜色，这个问题还需要仔细深究。

蝴蝶翅膀的色素色与结构色

总体来说，蝴蝶翅膀的颜色可分为色素色和结构色两种。很多物体含有特定化学物质，其电子位于特定能级，能吸收和反射特定波长的光，这种物质称为"色素"。因色素选择性吸收和反射光线而呈现的颜色称为色素色或化学色。一些蝴蝶的鳞片中含有色素，例如绢蝶的鳞片，在自然光下会展现特定颜色，这就是所谓的"色素色"，这与某些描述蝴蝶翅膀"本是无色"的说法不符。

一些特殊物体的表面拥有周期性的微纳结构，这些结构的间隙大小与可见光波长匹配，能引起反射光之间的干涉，改变物体表面颜色，形成所谓的结构色或物理色。结构色之所以独特，是因为它依赖于光的干涉现象，导致观察角度不同，物体表面可能显示不同的颜色和光泽，比如虹彩效果。例如，绿带翠凤蝶的鳞片同时展示色素色和结构色：蓝色鳞片实际上是由结构色产生，没有固有色素，侧面照射时呈现蓝色；而旁边的橘黄色鳞片是由色素产生的色彩，因此从任何角度看颜色都不变，两者的视觉效果截然不同。

蝴蝶翅膀展示的结构色，从物理角度来看，可以理解为"光子晶体"，这是因为它们利用周期性的微纳结构与光干涉原理，来精确调控光的透射与反射。光子晶体具有特定的禁带，即某些频率的光无法在这些结构中传播，使得可以特别调节反射或吸收的光波长。与色素相比，光子晶体在调节光波长方面效率更高，因而，结构色的蝴蝶翅膀在人们眼中，其色彩比纯色素色的翅膀显得更加鲜艳。

图 2-22　不同放大倍率下的蝴蝶翅膀

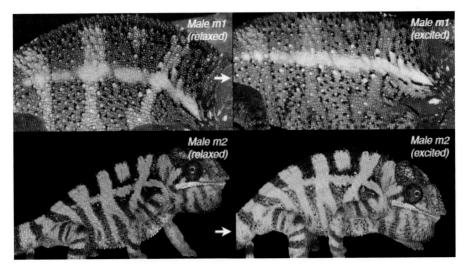

（a）变色龙由放松状态变为紧张状态时体表颜色的变化

放松状态 紧张状态

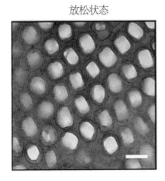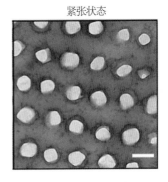

（b）变色龙由放松状态变为紧张状态时表皮细胞中
鸟嘌呤晶格的透射电子显微镜 (TEM) 图像

图 2-23　变色龙体表颜色与鳞片结构的关系

变色龙的颜色

与蝴蝶翅膀展示结构色相似，变色龙的皮肤颜色也是由"光子晶体"调节的。变色龙皮肤颜色的变化响应其情绪和周围环境，这一现象源自其皮肤细胞中含有鸟嘌呤晶体的周期性微纳结构，亦称为"光子晶体"。情绪变化时，鸟嘌呤晶体的晶格结构也会相应调整，进而影响反射光的波长，导致颜色的改变。变色龙从放松到紧张状态的颜色变化，以及皮肤中鸟嘌呤晶体的调整展示了此过程。在放松状态下，鸟嘌呤晶体的晶格常数较小，使得皮肤颜色偏暗；紧张时，晶体结构扩张，皮肤颜色变亮，展现光子晶体如何通过调节晶格结构来控制反射光波长。

三、纳米光学简介

1. 纳米材料的概念

说到纳米，这一尺度究竟有多小呢？人的头发直径为 $20 \sim 120\ \mu m$，其中 $1\ \mu m$ 等于 $10^{-6}\ m$；血红细胞的直径为 $6 \sim 9\ \mu m$；病毒的直径大多数在 $100\ nm$ 左右，其中 $1\ nm$ 等于 $10^{-3}\ \mu m$，也就是 $10^{-9}\ m$；而被人们研究最早的纳米材料之一富勒烯（即 C_{60}），其直径仅有 $0.71\ nm$。可以说，纳米尺度是在不考虑原子内部结构的情况下人们所研究的最小领域。

纳米材料是纳米科技发展的基础。什么是纳米材料呢？纳米材料必须同时满足两个基本条件：第一，在三维空间中至少有一维处于纳米尺度（$1 \sim 100\ nm$）或由它们作为"构建单元"构建的材料；第二，与块体材料（块材）相比，在性能上有显著突变或者大幅提高。如果仅仅在尺寸上满足了条件，但不具有尺寸减小所产生的显著性能变化，则也不能称为纳米材料。

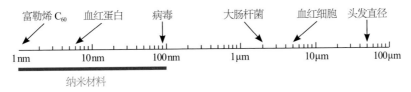

富勒烯 C₆₀　血红蛋白　病毒　大肠杆菌　血红细胞　头发直径

图 2-24　各种微小物质的尺度

纳米材料按照其基本单元的空间维度来划分，则可以分为三类：第一类，零维，指材料的所有三个空间维度均在纳米尺度，如原子团簇、纳米颗粒等；第二类，一维，指材料的空间尺度中有两维在纳米尺度，另一维在宏观或介观尺度，如纳米管、纳米棒等；第三类，二维，指材料的空间尺度中仅有一维处于纳米尺度，另外两维在宏观或介观尺度，如二维单原子层材料、超晶格等。由于这些纳米材料往往具有量子性质，零维、一维、二维的纳米基本单元因此也可称为量子点、量子线与量子阱。以碳材料为例，碳原

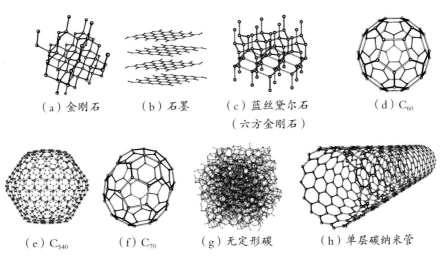

（a）金刚石　　（b）石墨　　（c）蓝丝黛尔石　　（d）C₆₀
（六方金刚石）

（e）C₅₄₀　　（f）C₇₀　　（g）无定形碳　　（h）单层碳纳米管

图 2-25　碳原子构成的不同空间维度物质形态

子根据不同的排列方式可以构成三维体材料——石墨，二维量子阱——石墨烯，一维纳米线——碳纳米管和零维量子点——富勒烯。虽然它们均由碳原子构成，但晶格结构和空间维度的差异，导致它们具有截然不同的物理和化学性质。

2. 纳米材料与诺贝尔奖

在 2023 年 10 月 4 日，三位科学家因其在量子点研究和合成领域的贡献而共同获得诺贝尔化学奖。这三位科学家是美国麻省理工学院的蒙吉·巴文迪、美国哥伦比亚大学的路易斯·布鲁斯，以及美国纳米晶体技术公司的阿列克谢·埃基莫夫。

量子点是一种特殊的纳米级微小晶体颗粒，其三维尺寸均处于纳米范围内，包含数千个原子。这些颗粒因量子效应而展现出独特的光学、电学和磁学性质，这些性质随颗粒直径的不同而变化。例如，较小的量子点可能发出蓝色荧光，而较大的量子点则可能发出黄色或红色荧光。

这一领域的重大突破可以追溯到 1981 年，阿列克谢·埃基莫夫在研究彩色玻璃时，首次证明了氯化铜量子点的存在，并指出其颜色与量子点的尺寸相关。1983 年，路易斯·布鲁斯通过研究半导体颗粒的光催化特性，观察到了量子尺寸效应。1993 年，蒙吉·巴文迪通过热注入法，成功制备出了高质量、尺寸均一的量子点单晶，解决了合成高质量量子点的技术难题。

如今，量子点技术已经进入商业化阶段，被应用于量子点发光二极管（QLED）屏幕、LED 照明以及生物医学成像、量子通信光源和柔性电子器件等领域。纳米材料的研究与诺贝尔奖的关联可以追溯到 1996 年，当时富

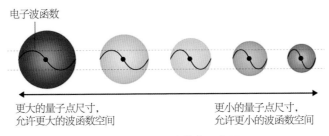

更大的量子点尺寸，
允许更大的波函数空间

更小的量子点尺寸，
允许更小的波函数空间

图 2-26 量子尺寸效应示意图

勒烯的发现者获得诺贝尔化学奖，而 2010 年，石墨烯的研究者获得了诺贝尔物理学奖。纳米材料已经成为物理学中最受关注的研究领域之一，未来人类对于这些微小尺度材料的了解和操控能力将达到新的高度。

从纳米材料诞生伊始，其与诺贝尔奖的紧密联系显而易见。1996 年，富勒烯的发现者获诺贝尔化学奖；2010 年，石墨烯的研究者荣获诺贝尔物理学奖。纳米材料已成为物理学研究的焦点，推动人类深入探索更小尺度材料的性质，提高对纳米材料制备的控制水平。

3. 纳米材料的特性

纳米材料是一种非常小的物质，其尺寸只有纳米级别（纳米是一种极小的单位，1 纳米是 1 米的十亿分之一）。在这么小的尺度上，材料的性质会发生显著的变化，这是因为材料的大小接近于某些特殊的物理尺度，如电子的波动特性等。

这些变化包括材料的电子结构和它们如何携带电荷，以及材料的磁性、光学性质、热和力学性能等。材料的尺寸这么小，它们对周围环境的反应也会增强，比如反应更快，和外部刺激（如光和磁场）的相互作用更加显著。

纳米材料所具有的基本特性可分为量子尺寸效应、表面效应、小尺寸效应、可作为基本单元精细调控/制备纳米器件等。

量子尺寸效应

实验证明，材料尺寸减至几十纳米以下时，其物理性质将与宏观状态显著不同。这种独特性质，随尺寸变化而表现出的变化，称为量子尺寸效应。

根据电子能带理论，在宏观材料中电子的能级几乎连续，形成晶体能带。但在纳米材料中，至少一个维度处于纳米级别，限制了电子在这方面的运动，导致电子能级从准连续变为离散的束缚态。这种能级的离散化，如果间距超过热能、静电能、静磁能、光子能量或超导态凝聚能，会使得纳米材料的热、电、磁、光性质及超导性与宏观材料截然不同，展现反常特性，这就是量子尺寸效应的核心。

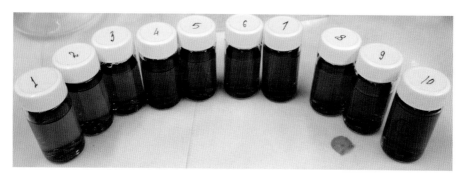

图 2-27　各种尺寸的金纳米颗粒的悬浮液（尺寸差异导致颜色差异）

以 CdSe 晶体量子点发射的荧光颜色差异为例：相同 CdSe 结构但尺寸不同的量子点，尺寸差异导致电子云交叠程度不同，较小的量子点由于电子束缚更紧，能级间隙更大，发出的荧光光谱向蓝色偏移。这一现象展现了量子尺寸效应，即小尺寸量子点发蓝光，大尺寸量子点发红光。

表面效应

随着纳米材料尺寸的减小，表面原子占总原子数的比例显著增加，导致表面能和表面张力增大，从而显著改变了纳米材料的物理化学性质，这种现象被称为表面效应。

表面原子由于缺少周围原子，存在许多未饱和的悬挂键，使其容易与其他原子结合以降低系统能量并达到稳定。因此，随着纳米材料尺寸的减小，其表面积、表面原子数和表面能快速增加，导致纳米材料展示出高度的化学活性。

纳米材料的高表面活性有多种应用。例如，因其表面活性高和接触面积大，用纳米材料制成的催化剂显示出卓越的催化效率。纳米材料因易于吸附气体而被用于表面吸附存储氢气；同样，其对氧气的吸附和反应能力使其适用于制备低熔点材料等。

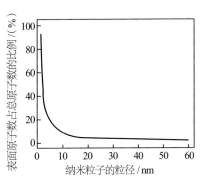

图 2-28　纳米材料尺寸与表面原子数占总原子数之比的关系

小尺寸效应

与宏观材料相比，纳米材料含有较少的原子和电子，体积和尺寸非常小，使其性质与含有大量原子的宏观材料大相径庭。纳米材料在尺寸和体积缩减至特定程度时，其特性会发生根本变化，这种由尺寸减小导致的宏观特性变化称为小尺寸效应。

当纳米材料的尺寸接近或小于电子的德布罗意波长、光波波长及超导态透射深度时，其构成的晶体的周期性边界条件会被打破。这导致材料表面原子密度下降和比表面积增加，进而引发纳米材料在光学、电学、磁性、热性、力学、声学和化学催化性质上与宏观材料的显著差异，展现了小尺寸效应的核心。

以黄金纳米颗粒为例，块体黄金通常显示金色的金属光泽。但当黄金颗粒的尺寸减至光波波长以下时，它们会失去典型的金黄色光泽，而显现为黑色。研究发现，变为纳米尺度的金属颗粒通常变黑，尺寸越小颜色越深，例如，银白色的铬和铂会转变为更深的黑色。这说明，当颗粒尺寸接近于光波波长时，它们对光的吸收显著增强，反射率极低（常低于1%），即使是

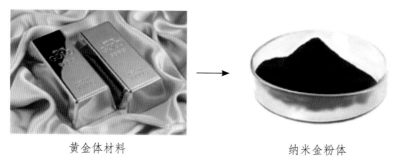

黄金体材料   纳米金粉体

图 2-29　黄金颜色由块体材料的金色变为纳米材料的黑色

几纳米厚的颗粒聚集体也能有效阻止光线穿透，实现高效光热和光电转换效果。这一发现为开发高效太阳能电池等光能转换设备提供了新思路，预示着这些设备的效率有显著提高的潜力。

可作为基本单元精细调控 / 制备纳米器件

纳米结构器件由纳米尺度的基本单元组成，展示出量子效应及由纳米结构组合产生的新效应，如量子耦合和协同效应。这些器件可通过电场、磁场、光场调控其性能。

纳米器件的制造分为两种主要方法："自上而下"和"自下而上"。"自上而下"指从宏观材料出发，使用刻蚀技术等制造纳米结构；而"自下而上"指从原子或分子层面组装纳米器件。

例如，在浮雕光栅纳米器件制备中，采用"自上而下"策略，先用光刻技术在晶圆上形成目标二维圆柱光栅模板，随后通过纳米压印技术大规模生产，使每个圆柱光栅单位达到微米或纳米级别，实现对光线的精确控制。

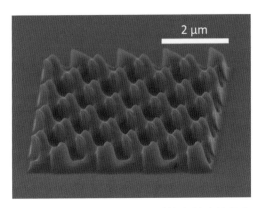

图 2-30　使用纳米压印光刻技术创建的具有三维微纳结构的衍射分束器

4. 光的负折射

由斯涅尔定律

$$n_1 \sin \theta_1 = n_2 \sin \theta_2$$

可知，对于绝大多数材料，其折射率均为正值，即 $n_1 > 0$，$n_2 > 0$；而由入射角的定义可知，必然有 $\theta_1 > 0$，此时就必然得出 $\theta_2 > 0$，即折射角为正值，折射光线与入射光线分别在法线的两侧。这种折射规律也被称为正折射。那么，是否存在着一种材料，其折射率 $n_2 < 0$，使得折射光线与入射光线在法线的同一侧呢？这就是负折射概念的来源。

负折射的概念早在 1968 年就已经提出，当时苏联的理论物理学家菲斯拉格通过理论计算发现，如果一个材料同时具有负介电常数和负磁导率，那么它的折射率也会呈现负值。然而，直到 2000 年和 2001 年，负折射率的人工材料才在实验中被首次验证。由理论可知，制造出负折射率材料的先决条件是该材料同时具有负介电常数和负磁导率，而常规的块体材料不可能拥有这一特性。因此，科学家们采用纳米材料制备技术，制造出具有周期性纳米结构单元的超构材料，这些结构单元的尺度远小于光波长。通过调整结构单元的大小、形状和排列方式等参数，可以控制超构材料的电磁性质，使其同时具有负介电常数和负磁导率，最终实现负折射率的特性。

负折射率材料具有多种新奇的特性和应用潜力，如实现光的反向传播、反常色散、超分辨率成像以及制备完美透镜等，在光学调控和生物医学领域都有广泛的应用前景。然而，负折射率材料目前面临着若干技术挑战，如光损耗、空间限制以及在光谱范围内缺乏主动可调谐性等，需要进一步的突破性发展。

 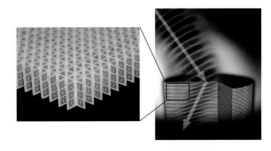

图 2-31 左：正折射现象 图 2-32 具有负折射率的超构材料的纳米结构单元
右：负折射现象

5. 隐身衣

在电影《哈利·波特与魔法石》中，哈利·波特使用一件隐身斗篷使自己隐身。这个斗篷的"隐身"原理并不是通过反射或吸收光线，而是允许光线绕过障碍物，继续沿其原有路径传播。因此，当哈利·波特穿上隐身斗篷时，观众可以看到他背后的背景而看不到他本人，实现了人物的"隐形"。隐身衣的设计思路在于让光线能够不受前方障碍物的影响，而沿原有路径传播。

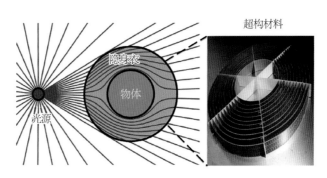

图 2-33 "隐身衣"原理与超构材料

我们知道，在现实生活中，绝大多数的物体都是不透明的，光线在传播时会受到物体的阻挡。为了实现隐身效果，科学家设计了一种具有特殊结构的材料来包裹物体。这种材料能够让光线绕过被包裹的物体继续传播，从而消除物体对光线的遮挡。因此，这种具有特殊结构的材料起到了"隐身衣"的作用。

利用具有精密微纳结构的超构材料，科学家首先通过理论计算确定材料各部分所需的折射率，接着设计并制备具有特定空间排列功能的基元阵列。这样，他们能够实验性地构建出基于纳米结构单元的"隐身衣"。这种超构材料能够精细调控光的传播路径，使光能绕过物体并沿原方向继续传播，从而实现隐身效果。

6. 突破衍射极限——扫描近场光学显微镜

普通光学显微镜的分辨率极限

我们知道，显微镜的放大倍率与物镜和目镜的放大倍率有关，那么如果不断增加镜头的放大倍率，是否能使显微镜看到无限小的物体呢？答案是否定的。

1873 年，德国的恩斯特·阿贝通过理论分析提出了普通光学显微镜的"衍射极限"概念，后来这一衍射极限被称为"阿贝衍射极限"，其公式为

$$d = \frac{\lambda}{2n\sin\alpha} = \frac{\lambda}{2\text{NA}}$$

其中：λ 为照明光波长；$\text{NA} = n\sin\alpha$ 为系统的数值孔径，其取决于物镜光线的半接收角 α 和物镜与样品之间的填充介质的折射率 n。"阿贝衍射极

限公式"也作为阿贝对物理学界的突出贡献，被镌刻在德国耶拿的阿贝纪念碑上。

常规的光学显微镜的光学分辨率均受限于阿贝衍射极限。由该公式可知，光学显微镜的分辨率与入射光波长成正比。假设入射光波长趋近于零（$\lambda \to 0$），我们则能够看到分辨率板上的清晰图像；如果用可见光进行成像（$\lambda \approx 0.5\,\mu m$），分辨率板上的图像将变得非常模糊；如果用中红外光进行成像（$\lambda \approx 10\,\mu m$），则分辨率板上的图像将几乎不可分辨。

等离激元

阿贝衍射极限是把一束光在自由空间中能够聚焦到的最小尺寸。那么，有没有方法能够把光局限在更小的空间尺度内，使得光学成像分辨率能够突破光学衍射极限呢？这时就需要用到基于局域表面等离激元的扫描近场光学显微镜了。

等离激元（plasmon）是指固体中电子相对于其离子背景的集体振荡现象，用量子力学的术语描述就是电子的集体振荡模式。在低维金属结构中，如二维金属薄膜或一维金属纳米线，等离激元仅沿金属

图 2-34 位于德国耶拿的阿贝纪念碑以及刻在碑上的分辨率极限公式

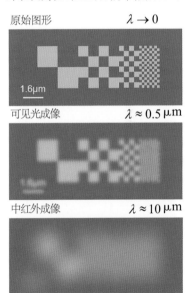

图 2-35 分辨率板在不同波长入射光照明下的图像

界面平行方向传播，在垂直方向上则快速衰减，此时这种现象称为表面等离极化激元（surface plasmon polariton, SPP）。

与二维金属 - 介质界面或一维金属纳米线相比，在零维的金属纳米颗粒上，表面等离激元的性质会因为颗粒表面的约束而发生显著变化。当纳米颗粒的尺寸远小于光波长时，在光电场作用下，金属颗粒上的价电子会随光振动而振荡。如果光的频率与价电子集体振荡的本征频率相等，则会发生强烈的吸收或散射，这种现象称为局域表面等离激元共振（localized surface plasmon resonance, LSPR）。

表面等离激元拥有多个优良特性和广阔的应用前景。其波长小于光波长，使得它能够将光束限制在小于光波长的空间范围内。局域表面等离激元共振能够增强纳米颗粒附近的电磁场等现象。

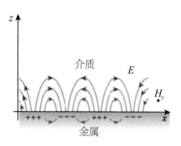

图 2-36　金属 - 介质界面上的表面等离极化激元

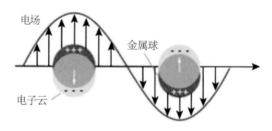

图 2-37　金属纳米球颗粒的局域表面等离激元示意图

扫描近场光学显微镜

由于表面等离激元的波长小于光的波长，因此利用局域表面等离激元，我们能够将入射光局限在金属纳米颗粒附近，形成"纳米近场光"，从而突破阿贝衍射极限的限制。

为了达到这一目的，科学家们使用扫描近场光学显微镜（scanning near-field optical microscope, SNOM）代替传统的光学显微镜进行样品的表征。扫描近场光学显微镜利用一个"扫描探针"进行辅助。这一探针的针尖直径很小，通常只有几纳米，因此能够将探针的针尖视为上文提到的"纳米金属颗粒"，从而将光斑局限在针尖附近，实现光学衍射极限的突破。

对于常规的光学显微镜而言，其分辨率至少高于几百纳米；而对于扫描近场光学显微镜而言，由于利用了针尖处的局域表面等离激元来约束光斑，针尖附近的纳米近场光斑仅有大约 10 nm 大小，因此达到了普通光学显微镜无法达到的光学空间分辨率。

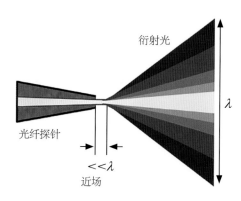

图 2-38　近场光学成像示意图（光纤探针端口局域近场尺度远小于波长）

此外，扫描近场光学显微镜能够同时测量样品的表面形貌和光学特性，如荧光、拉曼信号等，从而直接获取样品表面的纳米特性以及其光学/电子特性之间的相关性。这对于研究不均匀材料或表面，如纳米颗粒、聚合物混合物、多孔硅和生物系统等，具有重要意义。

7. 等离激元波导与纳米集成光子芯片

前面我们提到，表面等离极化激元可以在一维纳米线中传输。基于这个原理，我们可以构建出直径远小于光波长的光波导，以实现光信号的纳米级束缚。

碳纳米管中的等离激元波导

碳纳米管是由呈六边形排列的碳原子层卷曲而成的一维圆管，其具有极高的电子迁移率，是构建等离激元波导的优良纳米材料。利用扫描近场光学显微镜对碳纳米管进行扫描，可同时得到碳纳米管的表面形貌图和碳纳米管中传输的表面等离极化激元光学近场图。由实验分析可知，采用直径 d =1.0 nm

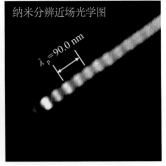

图 2-39　碳纳米管中等离激元波导的近场光学成像

的碳纳米管作为波导，当入射光波长 $\lambda_0 = 10.6~\mu m$ 时，束缚的等离激元波波长为 $\lambda_p = 90~nm$，足足小了3个数量级。这种对于光的纳米级束缚能力，使得人们有望使用碳纳米管作为"碳纳米管光纤"，在微纳尺度上进行光的束缚与传导。

碳纳米管中等离激元波导的电学调制

将碳纳米管制备成场效应晶体管，并利用扫描近场光学显微镜原位探测其等离激元光波导模式，可以实现对碳纳米管中等离激元波导的电学调制。

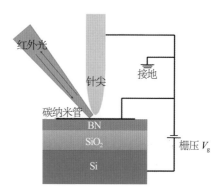

图 2-40 碳纳米管场效应晶体管中等离激元波导的近场成像示意图

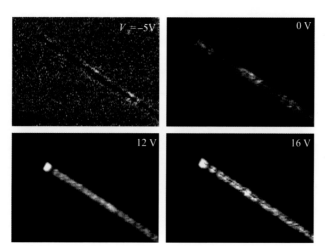

图 2-41 不同栅压下碳纳米管中等离激元传输模式的变化

实验表明，半导体性碳纳米管中的等离激元波导模式可以通过栅极电压连续电学调控。因此，碳纳米管具有成为纳米集成光子芯片波导的潜力，使得我们可以通过电学方式操控集成光子芯片。

纳米集成光子芯片

光子芯片是集成了光学器件和电子器件的计算芯片。不同于传统的电子芯片利用电流传输信息，光子芯片采用光信号来传输和处理信息。与传统电子芯片相比，光子芯片具有更高的传输速度，数据传输过程中的能量损耗更小，并且能够实现并行运算。然而，当前光子芯片的设计面临如器件体积较大、集成难度大等挑战。

图 2-42　电子芯片

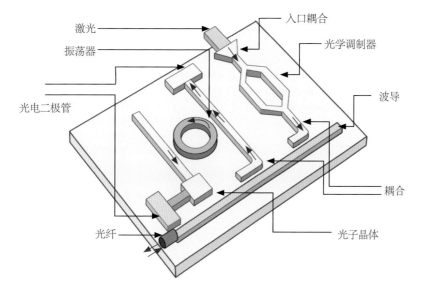

图 2-43　光子芯片

激光
入口耦合
振荡器
光学调制器
光电二极管
波导
耦合
光纤
光子晶体

　　相反地，传统的电子芯片具有不同的特点和局限性。电子芯片已实现高度集成，体积小且通用性强。然而，受电流热效应的影响，它们的功耗高、产热量大，并且运算速度有限。

　　结合光子芯片的高速性和电子芯片的高集成度，可形成纳米集成光子芯片。在这种芯片上，光子芯片和电子芯片被同时集成，可选用碳纳米管作为光信号传输的波导。碳纳米管的端口能将入射光耦合到波导并转换为表面等离极化激元，实现光信号在数十纳米范围内的局域化，并通过电子芯片的电路调控波导中的光信号。这样，纳米集成光子芯片便结合了光子芯片的速度和电子芯片的集成度优势，提供了强大的运算处理能力。

光学是一门兼具趣味性、科学性和实用性的学科，它的历史悠久、内容丰富，而且光学现象贯穿于我们生活中的点点滴滴，如今的纳米光学技术更是深刻改变着我们的生活方式。通过对光学现象与原理的学习，希望大家能够有热情和我们一道探索和研究光学前沿领域，成为新时代的"追光者"。

那如何成为"追光者"呢？我们武汉大学物理科学与技术学院纳米光学领域先驱——徐红星院士说，学子们成为科学家需要具备九个品质和素养：少年立志；爱思考；爱观察；爱动手；喜欢发明创造；淡泊名利，献身社会与国家；团结协作；不畏艰苦；不给自己设限。不断探索科学真理、追求创新创造既是人类在科学发展中的永恒主题，也是我们建设更美好的中国、提高国家综合实力的必然要求。所以，作为新时代的知识青年，大家更应该努力学习科学文化知识，同时在生活中积极思考并探究日常现象背后蕴含的科学原理，努力提高科学素养和知识水平，提高创新创造能力，为中国光学产业的建设、为社会主义现代化强国的建设奉献出自己的力量。

最后，我想分享八个字与大家共勉："仰望星空，脚踏实地"。仰望星空是希望大家能够树立远大的目标和理想，怀揣着激情和希望；而脚踏实地是希望大家能够踏踏实实走好每一步，兢兢业业完成每一个小目标。在此也祝愿广大学子们在学业道路上大展宏图、遥遥领先，拥抱理想中的美好人生！

扫码观看本讲视频

我们的中国芯

——信息时代的基石：集成电路

初心不改，使命在肩

　　常胜，武汉大学物理科学与技术学院教授，博士生导师。长期从事半导体物理、微电子器件和集成电路的理论及应用研究工作，在半导体器件机理、微电子设计自动化、人工智能电路设计应用等方面取得了一系列成果。他在武汉大学从学生到教师的 20 多年里，不断思考和探索，在人才培养上也有自己的见解。他对学生因材施教、分段培养，积极以学科竞赛为抓手，践行"实践育人"理念。凿井者，起于三寸之坎，以就万仞之深。近年来获得的"武汉大学优秀'三创'导师""武汉大学优秀烛光导航师"等称号便是对他十余载辛勤耕耘、积极探索的肯定与激励。

　　从"学什么"到"教什么"再到"教得好"，这是我一直以来的思考。无论是教学、竞赛还是科研，我不断开拓创新，尝试新思路、新方法。

　　科技创新是时代赋予我们的重要使命。我长期从事半导体物理、微电子器件和集成电路的理论及应用研究工作，在半导体器件机理、微电子设计自动化、人工智能电路设计应用等方面展开探索。为解决"卡脖子"问题，我还将继续砥砺前行。

在翻开信息时代的壮丽篇章时，我们不能不提一种革命性的技术——集成电路。它不仅是现代电子设备的核心，更是推动整个信息社会向前发展的基石。从最初的简单电路到今天拥有数十亿晶体管的超大规模集成电路，集成电路的演变讲述了一个关于创新、挑战与突破的故事。这是一个关于发展的故事，如何在硅的微小晶格中刻画出复杂世界的蓝图；这也是一个关于梦想的故事，科学家和工程师们如何将看似不可能的幻想转变为现实。

随着技术不断进步，我们现在正站在一个新的起点上。从低维材料到存算一体，从人工智能到量子计算，集成电路的发展正迈入一个全新的境界，这个境界被称为"后摩尔时代"。在这个时代，我们的中国芯不仅是国家科技进步的象征，更是全球科技竞争和合作的重要参与者。

一、集成电路与信息时代

1. 集成电路与信息时代

经历蒸汽时代和电气时代后，信息处理技术的进步已将我们带入全面的信息时代。这一时代以计算机为标志，以信息技术为核心，强调创造和开发知识，加速了人类社会的发展。新兴科技频繁出现，引发了生活方式的巨大变革。回顾过去几十年，从个人电脑作为奢侈品，到手机仅具备通话功能的时期，如今智能汽车、智能手表等智能设备，以及移动支付、人脸识别等基于大数据的便捷应用已彻底改变了我们的日常生活。信息时代的发展得益于其基石——集成电路。

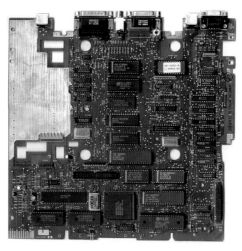

图 3-1　早期 Apple IIc Plus 主板

集成电路（integrated circuit，IC），简称芯片（chip），是一种高集成度的电路元件。它将众多电子元件如电阻、电容、晶体管及其连线通过半导体工艺集成在一块小芯片上，形成具有特定功能的电路。集成电路在各种电子设备中得到广泛应用，范围从全球通信系统到个人携带的手机和公交卡等。可以说，集成电路是现代电子系统的基石，它的存在是高速发展的信息时代的前提。

以华为手机为例，一部 Mate 60 手机上面就有很多颗芯片。具体而言，包括中央处理器（CPU）、内存、闪存、NFC 控制芯片、快充芯片、Wi-Fi/BT 芯片、功率放大器、陀螺仪＋加速度计、电源管理芯片、射频收发器、中高频功率放大器、色温传感器、电子罗盘，等等。在这些芯片的协同工作下，最终搭建起我们看到的智能手机系统。再举一个大家生活中常见的例子，智能汽车，其动力装置、底盘、车身、电气设备等方面也用到了大量的集成电路。一辆智能汽车所包含的主控芯片、功率半导体、模拟芯片、传感器、存储芯片等，加起来数量超过了一千个。集成电路作为整个信息时代的基石，实至名归！

2. 集成电路的发展之路

集成电路的历史始于 20 世纪 50 年代。当时，随着电路功能的增加，其体积也随之增大。为了解决这一问题，人们考虑将更多元器件集成到一起。1959 年，杰克·基尔比在德州仪器公司和罗伯特·诺伊斯在仙童半导体公司各自独立制造出了首块集成电路，这些电路集成了几个元件在一块锗晶片上。尽管这些初期的集成电路相对简单，但它们却标志着集成电路技术的诞生。

图 3-2　罗伯特·诺伊斯于 1959 年发明了第一个单片集成电路

随着加工技术的持续进步，集成电路的集成度也在不断提高。摩尔定律（Moore's law），由英特尔（Intel）共同创始人戈登·摩尔提出，指出集成电路上的晶体管数量大约每两年翻一番。而"18 个月"一说，则是由英特尔首席执行官大卫·豪斯提出，他预计 18 个月内芯片性能会翻倍（即通过增加晶体管数量来加速处理能力）。这意味着在相同面积的芯片上，晶体管数量可翻一倍，加工特征尺寸则减半。最初，摩尔预测这一趋势将持续约十年，直到 1975 年。然而，这一定律不仅持续了数十年，而且推动了半导体产业的发展。至今，集成电路的加工尺寸已达到纳米级，一些高复杂度的芯片中的晶体管数量达到了数十亿。正是由于集成电路性能的持续提升，我们今天的信息时代才得以迅速发展。

图 3-3　戈登·摩尔

3. 现代集成电路

现代电子系统对集成电路的巨大需求促进了多种类型集成电路的发展。这些集成电路按信号处理类型分为数字集成电路和模拟集成电路。数字集成电路处理离散的数字信号，主要用于信息计算和传输；模拟集成电路则处理连续的模拟信号，主要用于信号的收集和转换。

中央处理器（CPU）是数字集成电路的经典例子。作为计算机的核心，CPU 处理各种数据信息。信息量的快速增长推动了 CPU 处理能力的提升和结构的复杂化。最先进的技术往往首先应用于 CPU，因此 CPU 反映了数字集成电路的最高发展水平。例如，现代个人电脑广泛使用的高级 CPU，如 AMD 的最新处理器，采用先进加工技术，其晶体管数量可达数百亿，具备多个处理核心，能够高频处理信息并支持多种外部设备。

图 3-4　AMD Phenom™ 四核处理器芯片

模拟集成电路通常规模较小，元器件数量可能从几十到上百个不等。这种电路处理连续变化的模拟信号。设计模拟集成电路时，必须考虑放大倍数、线性度和噪声等关键参数。以无线通信中常用的低噪声放大电路为例，该电路对微弱电磁波信号高度敏感，且需要具备出色的噪声抑制功能。为提高效率，通常在这些电路中使用低噪声元件，并采用负反馈、精细的滤波和匹配网络设计以放大有用信号。因无线通信的高频特性，低噪声放大器需要在高频段有效运作，这对集成电路的制造工艺提出更高要求。

二、集成电路为什么容易被"卡脖子"

1. 集成电路的产业流程

集成电路，是信息时代的核心组件，其生产过程是一个跨学科的复杂系统工程。集成电路产业常面临的"卡脖子"问题主要源于制造过程的多步骤性，涉及物理、化学、材料科学、电子工程、机械工程和自动化等领域。

集成电路的生产过程主要包括硅片制造、芯片设计、晶圆制造和测试封装等环节。这些环节包含诸如拉单晶、电路设计、光刻、引线键合等多达近40项复杂工艺。特别是光刻步骤，可能需要重复数十次。集成电路的制造，从最初的普通沙子（SiO_2）开始，经过繁复的步骤，最终成为现代工业的核心部件，这一过程的复杂度非常高。

为了提高效率，各国和地区根据自身优势参与集成电路产业的不同环节，促进整个行业的发展。例如，某些国家专长于硅片制造，而有些国家则专注于芯片设计或测试封装。这种国际分工和合作模式意味着，如果产业链的任一环节出现问题，可能会影响到整个制造流程，导致所谓的"卡脖子"问题。

□ 美国在集成电路支撑和集成电路制造产业的多个细分领域占据显著优势，尤其在EDA/IP、逻辑芯片设计、制造设备等领域占比均达到40%以上。从全球其他国家和地区来看，日本在集成电路材料方面具有优势，而中国台湾和中国大陆分别在晶圆制造和封装测试方面具有领先地位。

□ 全球集成电路产业链形成深度分工协作格局，相关国家和地区的集成电路企业专业化程度高，在集成电路产品设计和制造等环节形成优势互补和比较优势。

图 3-5　全球集成电路产业链

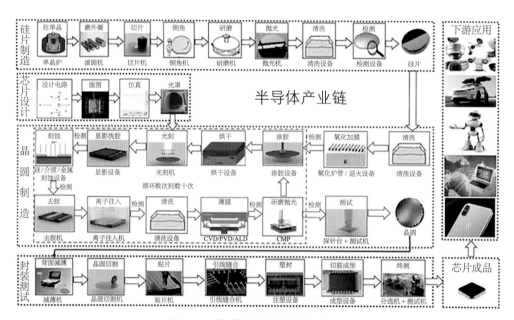

图 3-6　集成电路生产流程示意图

2. 技术难点

除了步骤多、分工广之外，更重要的是随着工艺节点的不断缩小，集成电路制备中各部分的难度也不断上升，从而形成了技术上的"卡点"。下面以光刻为例来说明这一点。

光刻，作为集成电路制造过程中的关键环节，其基本原理是利用特殊的设备——光刻机，将设计好的电子器件图案转移到硅片上。这一过程对集成电路的精确制造至关重要，因为它决定了器件的最终形状和功能。

光刻机的核心部件之一是镜头。这些镜头非常特殊，不仅尺寸庞大（直径可达米级），而且能够精确控制光路。镜头需要将光刻机发出的光聚焦到极小的点上，从而在硅片上形成精确的图案。这些镜头的制造精度极高，通常需要控制在几纳米以内。

随着技术的进步，光刻的挑战在于处理越来越小的图案，这就要求光源的波长必须越来越短。在集成电路制造的早期阶段，光刻机通常使用汞灯产生的紫外光源（ultraviolet light，UV）。随着技术发展，深紫外光源（deep

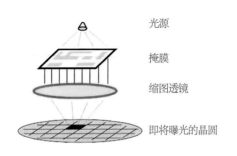

光源

掩膜

缩图透镜

即将曝光的晶圆

图 3-7　光刻基本原理示意图

ultraviolet light，DUV）被引入，使用了准分子激光产生的光波，其波长为 193 nm（ArF 光刻胶）。为了实现更高的分辨率，人们引入了浸入技术，将镜头和硅片之间的空间填满液体，如纯净水。因为液体的折射率高于空气，这使得激光的等效波长大幅减小，从而实现更精细的图案制造。

面对小于 10 nm 的工艺要求，极紫外光源（extreme ultraviolet light，EUV）技术被开发出来。这种技术使用特殊的方法生成波长仅为 13.5 nm 的光。例如，将准分子激光照射在锡等材料上，激发出极短波长的光作为光刻机的光源。这种高级的 EUV 光刻机，目前主要由荷兰的阿斯麦公司生产，并被用于 7 nm 及以下的先进制造工艺。

这样的技术进步虽然推动了集成电路工艺的发展，但其复杂性和高成本，导致了光刻技术成为集成电路制造的"卡点"。由于只有少数公司能够生产这些高级光刻机，它们在全球集成电路制造中变得至关重要，任何生产或供应链的问题都可能对整个行业造成重大影响。

3. 非技术因素

集成电路不仅代表技术挑战，还是全球政治和经济竞争的关键领域。其因在信息时代的中心地位而成为国际竞争的重要工具。国际政策和经济战略等非技术因素对产业发展产生显著影响。

例如，1996 年，33 个国家在奥地利维也纳签署《瓦森纳协定》，该协定允许成员国自主决定敏感产品和技术的出口许可，并鼓励信息共享。在半导体集成电路领域，该协定用以限制先进技术流通，维持少数国家的技术垄断。

2022 年，美国颁布《芯片和科学法案》，通过资金补贴和税收优惠吸引芯片产业转移，并投资人工智能、机器人技术、量子计算等领域。法案限制接受美国补贴的公司在中国的投资，以防止先进芯片在中国的大规模生产。

这些政策反映出集成电路作为"新时代基建"的重要性及全球竞争格局。面对这种局势，加强自主创新和自力更生成为关键策略，推动国内半导体集成电路产业发展。提升自主研发和创新能力，可以确保在全球科技竞争中获得优势地位。

三、我们的中国芯

1. 国家支持政策

中国的集成电路产业始于 20 世纪 60 年代，虽然比美国晚了 6 年，但之后发展迅速。到 1988 年，年产量达到 1 亿颗，集成电路产业进入工业化生产阶段。90 年代，通过实施"908"和"909"五年计划，以及 2000 年国务院发布的《鼓励软件产业和集成电路产业发展若干政策》，集成电路产业的发展得到进一步加速。

2010 年成立的中国国家集成电路产业投资基金标志着产业的快速发展。自 2018 年起，美国对中国科技企业的贸易制裁促进了国产集成电路的高速发展，引起了空前的关注。

近年来，为促进国产集成电路的发展，政府实施了多项政策。2016 年的"十三五"规划提出提升关键芯片设计水平和加快 16 nm/14 nm 工艺产业化。2017 年，集成电路芯片和服务被列入重点发展目录。2018—2020 年，财政部和国务院推出了税收优惠政策支持集成电路企业。2021 年的"十四五"

规划和 2035 年远景目标在集成电路领域提出了多方面攻关目标，包括装备和材料等。

这一系列政策展示了对集成电路产业的重视，并强调自主创新在全球科技竞争中的重要性。

2. 我国集成电路产业聚集区

我国集成电路产业的快速发展促进了产业集群化，形成了以长三角、珠三角、环渤海为核心的三大聚集区，以及中西部重点城市的产业聚集格局。

长三角地区是集成电路设计和制造的关键基地，拥有一半以上的制造及封装测试企业和近一半的设计企业。以中芯国际、华虹、华润等为代表，构成了完整的产业链。2020 年，长三角的集成电路设计业销售额占全国的39%，凸显其在国内的领导地位。

环渤海地区在集成电路的研发、设计和制造方面具有重要地位，形成了完整的产业链，包括设计、制造、封测及设备和材料，聚集了紫光展锐、大唐、北京华大等企业。2020 年，该地区的集成电路设计业销售额占全国的 14%。

中西部重点城市如西安、武汉、成都、重庆、长沙、合肥等根据自身特点发展集成电路产业。例如，武汉的光电子信息产业是其支柱之一，已成为全球光纤光缆制造和国内光电器件及中小尺寸显示面板的主要基地，构建了完整的产业链。武汉在光通信领域的集成电路，如光电传感器、跨阻放大器和限幅放大器芯片等，也快速发展。

3. 我们的中国芯

集成电路产业链包含电子设计自动化（EDA）平台、材料供应商、设备制造商、电路设计公司、芯片制造公司和封装测试厂商。我国在电路设计和封装测试方面有较大市场份额，但在 EDA 平台、材料、设备和芯片制造方面存在依赖。近年来，国家政策的大力支持促进了各领域的显著进步，推动了"中国芯"自主集成电路产业的发展。

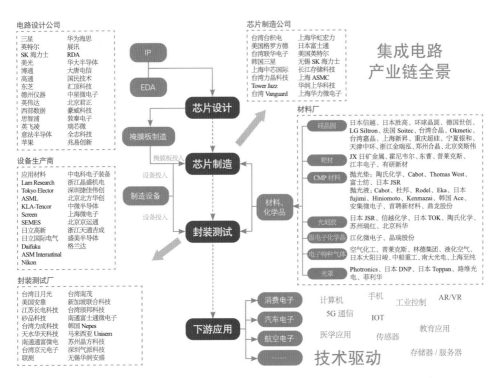

图 3-8　集成电路产业链全景

EDA 和 IP

EDA（electronic design automation）平台，作为芯片设计的核心工具，覆盖从 IC 器件工艺设计到电路仿真和验证的多个阶段。随着集成电路设计变得越来越复杂，尤其是在数字集成电路领域，其中晶体管的数量可达数十亿，EDA 工具变得不可或缺。EDA 的年产值约为 70 亿美元，它支持着超过 4000 亿美元的集成电路产业，并对数万亿美元的电子信息行业和数字经济产生影响。集成电路是信息时代的基石，而 EDA 则是芯片设计的母体。

随着电路设计的日益复杂化，设计师越来越多地使用可重复使用的电路模块，简化设计过程，类似于搭建积木。这些模块缩短了设计周期并提高了设计成功率。这类可重复使用且具有自主知识产权的模块被称为 IP（intellectual property）。当前，IP 复用、软硬件协同设计和超深亚微米 / 纳米级设计成为超大规模集成电路设计的主流。

图 3-9　EDA 支撑着庞大的数字经济

在 EDA 领域，美国的 Synopsys 和 Cadence 公司，以及德国的 Siemens EDA（原美国 Mentor Graphics）占有市场主导地位，2020 年这些公司占全球市场份额的 78%。中国在 EDA 领域取得了快速发展，涌现了华大九天、概伦电子、芯华章、全芯智造、九同方微电子、法动科技等一系列优秀企业，逐步在 EDA 领域崭露头角。

以华大九天为例，其主要产品涵盖模拟电路设计全流程 EDA 工具、数字电路设计 EDA 工具、平板显示电路设计 EDA 工具及晶圆制造 EDA 工具，特点是规模大和产品线完整。例如，其模拟电路设计全流程 EDA 工具系统包含原理图编辑、版图编辑、电路仿真、物理验证、寄生参数提取和可靠性分析工具，提供从设计到验证的一站式解决方案。

在 IP 领域，2020 年全球前三名分别是 ARM、Synopsys 和 Cadence，这些公司以授权模式运作，形成了高壁垒的产品生态。ARM 主要在手机处理器授权领域活跃，而 Synopsys 和 Cadence 则利用其 EDA 平台的优势提供优化的电路模块设计。中国的 IP 企业，如芯原微电子、寒武纪、芯来科技、芯动科技、橙科微、赛昉科技等，在结合各自电路应用领域中取得显著成就。

芯原微电子，国内领先的 IP 公司之一，提供全面的一站式芯片定制和半导体 IP 授权服务。其产品线包括图形、神经网络、视频、数字信号、图像信号和显示处理器等六类处理器 IP，以及 1500 多个数模混合 IP 和射频 IP。特别地，芯原微电子针对低功耗 AI 市场开发的神经网络 IP VIP9000Pico，针对嵌入式和可穿戴 IoT 市场，提供了低功耗、可编程及可扩展的解决方案，其神经网络引擎和张量处理能力在功率和面积效率方面处于行业领先位置。

集成电路材料

在集成电路的制造中，优质材料是关键，它们对电路的性能和可靠性有直接影响。集成电路材料分为制造材料和封装材料。制造材料用于晶圆的生产，如硅片、光刻胶和光掩膜；封装材料用于晶圆封装，如基板和引线框架。

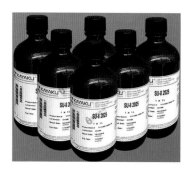

图 3-10　光刻胶和晶圆

硅片是制造材料的核心，对集成电路的制造过程和芯片质量及良率有决定性影响。硅片的纯度要求极高，达到 99.999999999%（11N）。2020 年，硅片在晶圆制造材料市场占比约为 35%。

日本在集成电路材料市场占有主导地位。硅片领域中，信越化学和胜高两家日本公司占了全球市场的半数份额；光刻胶市场则主要由日本的东京应化、信越化学、JSR、住友化学、富士胶片和美国的陶氏化学等公司主导，这些公司共占据市场超过 85% 的份额。

中国在集成电路材料方面取得了显著成就。硅片领域的沪硅产业、立昂微、中环股份表现出强劲的市场竞争力。在光刻胶方面，雅克科技、南大光电、晶瑞电材等正不断成长。化学机械抛光领域的安集科技、鼎龙股份，靶材领域的江丰电子，电子特气领域的华特气体等公司在国内外市场中扮演着重要角色。

沪硅产业，作为中国的重要企业，已在 SOI（硅上绝缘体）硅片和 300 mm 硅片销售方面取得突破，成为国内领导企业之一。其产品主要服务于高端芯片制造，例如 200 mm 硅片，主要用于射频前端芯片、传感器和模拟芯片的生产，这些芯片广泛应用于通信和智能设备。

300 mm 硅片主要应用于存储芯片、图像处理芯片、通用处理器和功率器件的生产，这些组件在计算机、智能手机等电子设备中发挥着核心作用。沪硅产业的子公司新傲科技生产的 SOI 圆片具有显著特点。

提高运行速度：SOI 材料上的电路在相同电压下运行速度比普通硅快 30%，提升设备性能。

降低能量损耗：减少 30%~70% 能量消耗，适合高能耗应用。

改进运行性能：耐受高达 350 ℃的极端温度，适用于恶劣环境中的设备。

减小封装尺寸：满足对更小产品的需求。

集成电路设备

集成电路设备是生产集成电路的直接工具，分为制造设备和封测设备两大类。其中，制造设备包括退火炉、光刻机、刻蚀机等，而封测设备则包括划片机、引线键合机等。在这些设备中，光刻机、薄膜沉积设备等技术难度最大。

2020 年，全球集成电路设备市场由美国应用材料、荷兰阿斯麦等公司主导，这些国际企业几乎垄断了市场，占据了约 66% 的市场份额。由于《瓦森纳协定》等国际协议和政策，中国一直面临着先进集成电路设备的进口限制，尤其是在光刻机等关键技术领域。

面对这种挑战，中国近年来加大了对集成电路设备领域的关注和投资，培育出了一批具有自主知识产权的企业。例如：

上海微电子：专注于光刻机领域的发展。

北方华创：涵盖刻蚀、物理气相沉积（PVD）、化学气相沉积（CVD）和氧化扩散等方面。

中微公司：专注于等离子体刻蚀技术。

拓荆科技：在薄膜沉积技术领域取得突破。

盛美半导体：涉及清洗、电镀和封装技术。

至纯科技：专注于湿法设备制造。

芯源微：在喷胶、涂胶和清洗领域有所发展。

华峰测控和长川科技：分别在 SOC 测试机和测试机 / 分选机方向取得进展。

以上海微电子为例。上海微电子是国内领先的光刻机公司。其生产的 600 系列步进扫描投影光刻机面向 IC 前道制造；500 系列面向 IC 后道先进封装；300 系列面向 LED、MEMS、功率器件制造；200 系列面向 TFT 曝光。

如 SSX600 系列步进扫描投影光刻机采用四倍缩小倍率的投影物镜、工艺自适应调焦调平技术，以及高速高精的自减振六自由度工件台掩膜台技术，可满足 IC 前道制造 90 nm、110 nm、280 nm 关键层和非关键层的光刻工艺需求。

集成电路设计

随着技术的发展和市场需求的变化，集成电路产业模式经历了从垂直整合（integrated device manufacture,IDM）到垂直分工（Fabless、Foundry、

OSAT）的转变。在垂直整合模式中，一个公司负责整个流程，从设计到制造再到封测，这种模式虽然流程衔接好，但投入大、成本高，通常只有大型企业能承受。相比之下，垂直分工模式适合更多的行业参与者，其中：

Fabless（无工厂芯片设计公司）：专注于芯片设计，生产和封测环节则外包给其他公司。

Foundry（晶圆代工厂）：专注于晶圆的代工生产。

OSAT（封装和测试服务供应商）：专注于封装和测试环节。

全球范围内，主要的 IC 设计企业包括高通、博通、英伟达等，它们在 2020 年的收入共计 859.74 亿美元，占市场的 67.22%。

相比其他领域，中国在集成电路设计方面发展较快，各分支方向都有表现出色的企业。例如：

AI 芯片：寒武纪、地平线。

通信和网络：华为海思、中芯微电子。

传感器：格科微、敏芯微。

微控制器：中颖电子、国民技术。

电源和功率器件：上海贝岭、比亚迪半导体。

数字芯片：中星微、景嘉微。

模拟芯片：圣邦威、艾为电子。

无线连接：博通集成、翱捷科技。

以数字集成电路的一个分支可编程逻辑器件（field programmable logic array，FPGA）为例。FPGA 是一种二次开发的数字集成电路，其最大特点是用户可以根据自己的需求进行二次开发和编程。这使得 FPGA 在通信接口设计、数字信号处理、AI 加速和原型验证等领域有着广泛的应用。

在国际上，FPGA 领域的领导者是 Xilinx（被 AMD 收购）和 Altera（被 Intel 收购），它们占据了大部分的市场份额。而在中国，也出现了一批具有自己特色的 FPGA 厂商，例如：

紫光同创：提供高性价比的 FPGA 产品。

安陆科技：专注于中小容量型号的 FPGA。

高云半导体：关注中低算力、低功耗的物联网需求。

京微齐力：面向 AI 可编程、边缘异构、嵌入式可编程应用。

复旦微电子：专注于大规模 FPGA 的开发。

以紫光同创的 Titan-2 系列 FPGA 为例。这种 FPGA 采用了先进成熟的工艺，拥有高速的 SERDES 接口、支持高带宽的 DDR4 内存、具备软错误检测和纠错功能，还集成了硬核 PCIe 接口、多种高速 IO 接口和硬核模数转换器。此外，它还具有先进的 AES 加密技术，使其在通信、图像视频处理、数据分析等领域有着广泛应用。

集成电路制备

在集成电路行业中，制备是一个关键环节，它将 EDA 工具设计的电路通过半导体材料和制造设备转化为实际的集成电路。全球集成电路制备产能正在增长，其中 10~20 nm 制程的晶圆产能最高，2020 年达到 9970 万片，占比超过 35%；10 nm 以下的先进制程晶圆产能也在持续提升。

目前，全球晶圆代工产业主要集中在韩国、日本和中国等东亚国家和地区，其中，中国台湾和韩国拥有最先进的生产能力。国际上领先的集成电路制备企业包括台积电、联电、格罗方德、中芯国际、三星、美光等。

中国的集成电路制备也具有一定规模，分为 Foundry 代工模式和垂直整合模式两种：

Foundry 代工模式：中芯国际、华虹半导体、华润上华等企业在这一模式下发展。例如，中芯国际成立于 2000 年，是全球第五大、中国第一大的晶圆代工企业，技术节点从 0.35 μm 到 14 nm FinFET。

垂直整合模式：长江存储、长鑫存储、士兰微电子、三安光电等企业采用这一模式。比如长江存储，专注于 3D NAND 闪存的设计和制造，发布了业界领先的第三代 QLC 闪存。

尽管中国在集成电路制备领域取得了一定的发展，但在先进的 3 nm、5 nm、7 nm 工艺方面仍面临挑战，且大部分制备设备依赖国外供应商。随着半导体设备贸易政策的变化，中国集成电路制备的可持续发展成为一个重要议题。

封装与测试

封测环节是将制备好的芯片进行最后的封装和测试，以确保它们达到所需的性能标准，得到最终的集成电路成品。近年来，随着芯片工艺不断演进，硅工艺的发展趋近于其物理瓶颈，晶体管继续变小愈加困难，先进封装能提高产品功能和降低成本。封装已成为提升电子系统性能的关键环节。目前封测行业正在从传统封装（OT/QFN/BGA 等）向先进封装（FC/FIWLP/FOWLP/TSV/SiP 等）转型，将多块裸片集成在一个封装内的 Chiplet 概念的出现更让封装进一步向系统化和集成化发展。

封测环节是中国大陆集成电路产业中最成熟的环节，技术平台与海外厂商基本同步。如长电科技等国内企业的技术能力已达国际先进水平。全球领先外包封测厂中中国占据三席，包括长电科技、通富微电子和华天科技。

图 3-11　采用倒装芯片 BGA 封装的英特尔移动赛扬（FCBGA-479），硅芯片呈深蓝色

　　以长电科技为例，作为国内领先的封测公司，其具备集成电路的系统集成、设计仿真、技术开发、产品认证、晶圆中测、晶圆级中道封装测试、系统级封装测试、芯片成品测试能力。通过高集成度的晶圆级封装（WLP）、2.5D/3D封装、系统级封装（SiP）、高性能倒装芯片封装和先进的引线键合技术，长电科技的产品、服务和技术涵盖了主流集成电路系统应用，包括网络通信、移动终端、高性能计算、车载电子、大数据存储、人工智能与物联网、工业智造等领域。

　　长电科技的系统级封装可将多个集成电路（IC）和元器件组合到单个系统或模块化子系统中，以实现更高的性能、功能和处理速度，同时大幅降低电子器件内部的空间要求。这满足了消费者对他们的电子产品体积更小、速度更快、性能更高，并将更多功能集成到单部设备中的需求。长电科技的系统级封装采用了 3 种先进技术：双面塑形技术、EMI 电磁屏蔽技术、激光辅助键合（LAB）技术。第一种，双面成型有效地降低了封装的外形尺寸，缩短了多个裸芯片和无源器件的连接，降低了电阻，并改善了系统电气性能。第二种，对于 EMI 屏蔽，长电科技使用背面金属化技术来有效地提高热导率和 EMI 屏蔽。第三种，使用激光辅助键合来克服传统的回流键合问题，例如 CTE 不匹配、高翘曲、高热机械应力等导致的可靠性问题。

总体来看，集成电路产业链是一个涵盖设计、制备、封测等多个环节的复杂系统。相对而言，我国在设计和封测领域有着较好的基础，但在 EDA、设备、制备领域面临的"卡脖子"问题较为严重。在国家政策的支持下，近年来我们在各领域持续发力，发展了一批具有自主可控能力的产业，取得了长足的进步。相信在大家的共同努力下，我们的"中国芯"会越来越闪亮！

四、后摩尔时代集成电路的发展

1. 后摩尔时代

集成电路经过近 60 年发展，已由最初的几十个元件演进为包含数十亿晶体管的超大规模集成电路，工艺尺寸缩减至几纳米，成为信息时代的基石。这一进展大部分归功于摩尔定律，即集成电路上晶体管的数量每隔一定时间翻倍，推动了性能的提升和成本的降低。

随着工艺尺寸逼近纳米级、接近硅材料的物理极限，量子效应和小尺寸效应对集成电路性能的影响变得显著，使得继续按摩尔定律缩小晶体管尺寸变得困难。据 2016 年 *Nature* 杂志上的一篇论文指出，集成电路的发展不再完全依赖摩尔定律，标志着我们步入了后摩尔时代。

进入后摩尔时代，推进信息技术发展需要超越传统集成电路的新思路和新方法。这为全球尤其是中国在集成电路领域提供了新机遇，通过探索新材料、新器件结构和系统级集成等创新路径来迎接挑战。

2. 新材料与器件

随着传统硅基集成电路接近其物理尺寸极限，科学家们寻求新材料来提升性能，其中低维材料展现出巨大潜力。

低维材料，如在一维或二维上具有纳米尺度的材料，通常仅几原子层厚，具独特的物理和化学性质。石墨烯是低维材料的代表，由单层碳原子组成。安德烈·盖姆和康斯坦丁·诺沃肖洛夫于2010年因从石墨中分离出石墨烯而获诺贝尔物理学奖。

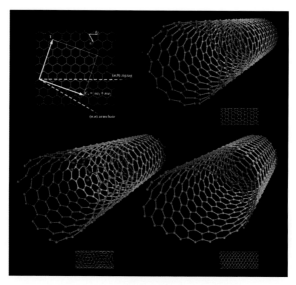

图 3-12　碳纳米管的几何学构造图

石墨烯因其出色的电学性质和高电导率及强度引发关注。其他如黑磷、二硫化钼、六方氮化硼等低维材料也被研究发现。这些材料独特的性质使它们在集成电路应用中具有极大潜力，可能制造出更优性能的芯片。

近年来，通过努力，科学家在实验室制备了基于低维材料的电子器件和小规模集成电路，展示了其在集成电路应用方面的巨大潜力。

2016 年，GJ Brady 等制备的碳纳米管晶体管，其电流密度超过硅和砷化镓。同年，Ali Javey 等使用二硫化钼和碳纳米管制备 1 nm 栅极晶体管。

在中国，2017 年北京大学的团队实现了首个千兆赫兹碳纳米管集成电路，展示了碳纳米管在高频集成电路中的应用前景。

2022 年，复旦大学的包文中教授团队采用工业标准设计流程和工艺成功制造并测试了基于二硫化钼的顶栅场效应晶体管及其电路，证明了利用新型低维材料制造晶体管和电路的可行性。

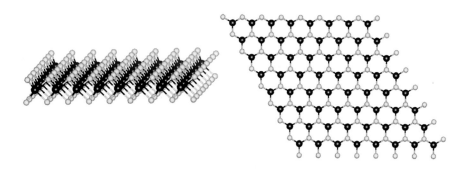

图 3-13 六角形 TMD 单层结构模型

这些研究成果展现了低维材料在集成电路应用方面的潜力，并为中国在该领域的发展奠定了重要的科技基础。

过渡金属二硫属化物（TMD 或 TMDC）单层材料是 MX2 型的原子层半导体薄膜，M 代表过渡金属，如钼（Mo）、钨（W），X 代表硫族元素，如硫（S）、硒（Se）、碲（Te）。这种二维材料由一层 M 原子夹在两层 X 原子中。与初代过渡金属二硫化物不同，它们在二维结构中展现出的特殊物理性质，如巨磁阻和超导性。

存算一体技术旨在克服传统冯·诺依曼架构的局限，该架构中存储单元与逻辑单元分离，造成数据传输延迟和高能耗。存算一体通过集成存储与逻辑单元，提高计算效率并减少能耗。

忆阻器是实现存算一体的关键元件，能表征磁通量与电荷的关系。其独特性在于电阻值由通过的电荷量确定，使其能"记住"电荷，赋予忆阻器在存储和计算方面的巨大潜力。

忆阻器概念由蔡少棠 1971 年提出，2008 年惠普制造出首个氧化锌忆阻器。随后，各种材料的忆阻器相继出现，其在集成电路中的应用发展迅速。

中国在存算一体技术尤其是忆阻器领域取得显著进展。如清华大学吴华强教授团队研制的忆阻器存算一体芯片集成了 8 个忆阻器阵列，实现了低功耗、低成本计算能力的大幅提升，这对发展高效节能的计算技术至关重要。

后摩尔时代的集成电路技术发展超越了传统的小型化和速度提高，拓展到更宽广的科技领域。低维材料和存算一体技术仅代表了新发展的一部分。随着对人工智能、量子计算以及常温常压超导等前沿技术的探索，集成电路未来面临着革命性变革。

新兴技术与集成电路的结合揭示了一个充满无限可能性和机遇的新世界。在人工智能和量子计算领域，集成电路技术的进步和应用将成为这些领域发展的驱动力。

中国在新兴技术领域展现了独特优势。得益于国家的支持，中国的科学家和工程师在低维材料、存算一体、人工智能和量子计算等领域取得重大进展。这些成就不仅凸显了中国科技创新的潜力，也标志着其在全球科技竞争中正逐步走向领先。

集成电路是信息技术发展的基石，极大丰富和便利人们的生活。在后摩尔时代，中国的集成电路产业，即"中国芯"，将扮演更关键的角色，推动全球科技进步。

在和同学的交流中，发现一个大家非常感兴趣的问题，就是在大学中所学专业的选择。大学里专业众多、各具特色，以 2023 年的武汉大学为例，全校理学、工学、信息、医学、文史、社科等门类加起来一共有 130 个专业。那么作为立志为国家的发展做出贡献的有志青年，在当下应该如何做出选择呢？

当然，专业选择首先应该遵从自己的兴趣和意愿，兴趣是最好的老师，做有兴趣的事情事半功倍，特别是如果想在某个领域做得精、做得好，兴趣的支撑是不可缺少的。但这就带来另一个问题，不少同学说没有明确的兴趣，特别是理科生，对基础科学和应用技术都感兴趣。这也正常，大家在中学时代把主要精力都放在知识的学习上，没有太多机会感受社会、了解前沿，自然也就谈不上明确的兴趣。这倒使我思考一个更有宏观意义的问题：基础科学与应用技术之间是什么样的关系？相信，了解了这一点会为大家的人生规划带来启发。

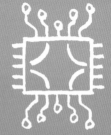

一般认为，基础科学和应用技术是两个独立的领域，比如以理工科为例，数学、物理、化学、生物这些学科属于基础学科，而计算机、电子信息、自动化等这些学科属于应用

技术。从专业知识的划分上来说确实如此，但如果从历史的角度来动态观察，我们可以得到一个深刻的结论：基础科学是应用技术的源泉，现在的应用技术源于以前的基础科学，而现在的基础科学将会成为未来的应用技术。

遥想人类发展史上的三次技术革命，哪一次不是基础科学向应用技术的转化呢？蒸汽机革命是力学和热学的基础知识向机械、自动化的应用技术的转化；电力机的革命是电学和磁学的基础知识向电气应用技术的转化；而信息革命则是半导体物理的基础知识向计算机、电子信息应用技术的转化。

结合本讲主题，我们可以更具体地剖析这一结论。现代集成电路中的核心器件是晶体管，有了它我们才能完成信号的放大和信息的转换，从而构建起现代电路和基于现代电路的信息时代。晶体管就是完美的基础知识向应用技术转化的例子。它利用固体物理和半导体物理的知识，在以硅为代表的凝聚态晶格中掺入具有不同最外层电子数的元素，形成晶格中的内建电场，在外电场的作用下共同控制电子的有序运动，最终实现信息的处理。后摩尔时代集成电路发展的一个重要方向就是寻求新的材料和结构，如低维材料和存算一体

结构，以进一步提升对这种有序运动的控制，从而得到更好的电路性能。

另一个很好的例子就是集成电路制备中的光刻技术。大家都知道光刻机是"卡脖子"问题的典型代表，其中的卡点就在于要对非常短波长的激光进行精确的控制，从而实现纳米级尺寸的芯片加工。极短波长激光的获得是不容易的。激光的产生来自光与原子系统相互作用时受激辐射能级跃迁产生的光子，找到合适的跃迁能级才能产生对应波长的激光，这属于原子物理知识向应用技术的转换。同时，产生的激光在搭建的光路中经过多次反射和折射之后才能到达晶圆。而波长短的光穿透力强，在传播过程中能量容易耗散，从而对光路中光学元件的材料也提出了要求，这是属于材料学向应用技术的转换。

由此可以看出，应用技术和基础科学是相辅相成的。比如在我们集成电路的支撑下，近 20 年来的信息技术已经发生了翻天覆地的变化，从当年只能打电话的 2G 网络到马上万物互联的 6G 通信，从当年红绿灯的控制都需要人工操作到现在的智慧城市，技术的迭代异常迅猛，而其后的基础学科知识则提供着稳定的支撑。所以，再回头看我们前面的观点，基础科学是应用技术的源泉，现在的应用技术源于以前的基础科学，而现在的基础科学将会成为未来的应用技术，这是多么自然的事情。

回到最初大家关心的问题，基础科学和应用技术如何选择呢？我认为，应用技术代表着当下，具备着社会实践的即战力；基础科学提供着支撑，具备着长久发展的稳定价值。根据自己的志向和价值观来考量吧，只要有着为国家发展和社会进步做出贡献的决心，怎样选择都会有精彩的人生！

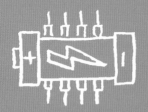

扫码观看本讲视频

微粒交织的奇迹

—— 走近量子计算

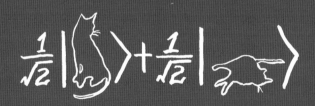

追随光，成为光，散发光

　　袁声军，武汉大学物理科学与技术学院教授，博士生导师。国家高层次青年人才计划入选者，主要研究领域为计算物理学和凝聚态理论，发展了基于随机态波函数含时演化的大尺度计算物理方法，计算尺度较传统方法提升数个数量级，并独立自主开发了多款计算物理软件。二十年青春，他从走出恩施到走向世界，从荷兰奈梅亨大学到武汉大学，作为计算物理的追随者，他永远在求索之路上。三尺讲台，是他的另一方天地；去发现每个学生身上的光，是他一直以来的坚持；成为一束光照亮更多的学子，是他始终如一的初心。

　　计算物理学，主要是研究如何使用数值方法来解决物理中的理论问题。对计算物理新方法的探索，一直是我追求的科学目标。这里没有终点，只有不断出现的新的起点。

　　随着近年来计算机技术的迅速发展，越来越多的物理问题，可以通过数值计算的方式加以解决。这里面有很多有趣的问题，正等待着我们前去探索。我也很愿意向学生们展示科学与研究的魅力，让学生们了解科学，热爱科学，在未来共同探索未知的世界。

在人类探索宇宙奥秘的旅程中，量子计算无疑是一次大胆而创新的飞跃。本讲将带领我们深入探索量子计算的神秘世界，一个由微观粒子的奇异行为构建的、充满无限可能的领域。从 20 世纪初量子力学的诞生，到理查德·费曼和戴维·多伊奇关于量子计算机概念的提出，再到今天实际量子计算机的研发以及在药物开发、气候模型、密码学等领域的应用，这一旅程不仅令人兴奋，也是对人类智慧的极致挑战。

本讲中，我们将探索量子计算的奇妙世界，一种以微观粒子的奇异行为为基础、充满无限可能的科技革命。这场探索之旅不仅激动人心，更是对人类智慧极限的挑战。通过本讲学习，可以深入理解量子计算的复杂性，以及它对未来世界的深远影响。

图 4-1　理查德·费曼

图 4-2　戴维·多伊奇

一、量子计算的前世今生

量子计算基本原理的根源可以追溯到 20 世纪初，当时普朗克、爱因斯坦、玻尔、海森堡、薛定谔等科学家为量子力学奠定了基础。然而，将量子力学用于计算的想法直到 20 世纪 80 年代才出现。1981 年，诺贝尔奖得主理查德·费曼提出了两个在量子计算领域影响深远的问题：经典计算机能否有效地模仿量子系统，放弃经典图灵机能否更好地搭建出模仿量子系统的计算机。针对前一个问题，他给出了否定答案：经典计算机没办法高效解决量子系统中的多变量微分方程。而针对后一个问题，英国物理学家戴维·多伊奇于 1985 年提出了通用量子计算机的模型。多伊奇的工作表明，量子计算机在理论上能够执行一些经典计算机无法高效执行的计算任务，从而为量子计算的发展奠定了基础。

在随后的 20 世纪 90 年代，几个有效的量子算法被相继提出。适用于大数分解的舒尔算法以及适用于无结构搜索空间搜索问题的格罗佛算法分别由贝尔实验室的数学教授彼得·舒尔和计算机科学家格罗佛提出。1998 年伯恩哈德·俄梅珥提出了量子编程语言。

在 21 世纪，量子计算更是取得了长足发展，量子优越性得到初步证明。用于构建量子计算机的量子系统诸如离子阱、超导、光子和中性原子等相继被提出，并在实验上取得了一定成果。IBM、谷歌、英特尔以及阿里巴巴、华为和本源量子等公司，在近十多年各自发布了量子计算的相关产品，其中包括可编程量子计算机、量子虚拟机、量子云以及量子芯片等。量子计算属于颠覆性技术，是前沿科技，是未来产业的重点。

1. 什么是量子计算

从最早的电子管计算机（1946 年），到晶体管计算机（1956 年），再到集成电路计算机（1965 年），再到现在的微处理器计算机（1971 年），计算机的体积越来越小，性能越来越强大。在近几十年里，计算机的发展速度更是惊人，契合了摩尔定律的预测——集成电路上可容纳的晶体管数目，每隔 18~24 个月便会增加一倍，性能也将提升一倍。经典计算是我们现在使用的计算机的基础，它用高低电平对应并储存二进制信息（0 和 1），进而实现信息的表示和运算的执行。二进制数就像开关一样，只有两种状态，要么开要么关。我们可以用很多开关来组成复杂的电路，实现各种功能，比如加减乘除、编程、游戏、视频等。

但是经典计算也有它的局限性，就像开关一样，它只能在两种状态之间切换。这就导致了经典计算的瓶颈：当处理大量信息或者复杂问题时，需要很多"开关"，消耗大量时间和能源。随着摩尔定律的逐渐失效，经典计算机的发展瓶颈愈发明显，在当前大数据与人工智能的浪潮下，经典计算机对海量信息处理速度不足的问题日渐显露。

那么，有没有一种更高效的计算方式呢？答案是肯定的，那就是量子计算，利用量子力学的原理来表示信息和执行运算。我们在中学阶段学习的物理学是一门研究宏观世界声、光、热、电、力的科学，而量子力学更适用于微观世界。特别是在当下，芯片制程越来越接近微观尺度，使得量子效应无法忽视，这也是摩尔定律逐渐失效的主要原因。

量子力学有一些神奇的性质决定了量子计算的潜力。在微观世界里，物质有一些非常奇怪的性质，比如叠加态、纠缠态、不确定性等。

叠加态——在观察之前，一个量子系统可以同时处于多种状态，比如一个电子的自旋可以同时向上和向下，好比量子世界的硬币可能正反面同时朝上。

纠缠态——在观察之后，两个或多个量子系统会相互影响彼此的状态，比如两个电子的自旋会相关联地向上或向下，好比量子世界两次独立的抛硬币实验会相互影响。

叠加态决定了量子计算的并行性，即我们可以同时对多个状态进行操作，纠缠态决定了量子计算可以解决一些经典系统中无法解决的问题。

量子计算就是利用这些性质来表示信息和执行运算的。量子计算用量子比特来表示信息，它可以同时处于 0 和 1 的叠加态，也可以和其他量子比特纠缠在一起。这样一来，量子计算就可以同时处理大量信息或者解决复杂问题，而且只需要较少的量子比特，大幅度减少时间和能源消耗。量子比特对应两个量子态的叠加 $|0\rangle$ 和 $|1\rangle$，这一态的叠加特性是量子计算得以并行计算处理复杂问题的基础之一。量子比特可以表示为：

$$|\psi\rangle = \alpha|0\rangle + \beta|1\rangle$$

其中 α 和 β 为复数，在测量量子比特的时候，观测结果为 $|0\rangle$ 的概率为 $|\alpha|^2$，观测结果为 $|1\rangle$ 的概率为 $|\beta|^2$，从而有 $|\alpha|^2 + |\beta|^2 = 1$。

为了可视化量子比特的这种性质，科学家们使用了一个叫作布洛赫球的模型。布洛赫球是一个球形的图像，用于表示量子比特可能的所有状态。在这个球体中，任何点都可以表示一个量子比特的状态，其中北极代表纯粹的"0"状态，南极代表纯粹的"1"状态，而球面上的其他点则代表 0 和 1 的叠加状态。

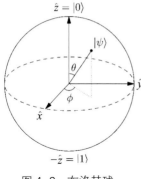

图 4-3　布洛赫球

相应的两（多）个量子比特叠加态的形式类似于：

$$|\psi_{12}\rangle = \alpha_{00}|00\rangle + \alpha_{01}|01\rangle + \alpha_{10}|10\rangle + \alpha_{11}|11\rangle$$

其中 $|\alpha_{00}|^2 + |\alpha_{01}|^2 + |\alpha_{10}|^2 + |\alpha_{11}|^2 = 1$。

为了充分理解量子计算的潜力，了解它与经典计算的区别是很重要的。经典计算构成了我们今天使用的计算机和数字设备的基础，它用位来表示信息，每个位取两个值中的一个：0 或 1。这些位通过逻辑门进行组合和操作来执行计算和存储信息。经典计算是具有确定性的，这意味着计算的结果可以被确定地预测。

然而，量子计算引入了一种新的范式，即利用量子比特来表示信息。不像经典位，量子比特可以以叠加的状态存在，允许一个比特同时表示 0 和 1。这种独特的特性使量子计算机能够以一种完全不同的方式处理信息——利用量子力学的概率特性，比经典计算机更快地执行复杂的计算任务。

图 4-4　经典计算与量子计算（图片由 AI 生成）

经典计算与量子计算的区别：

经典计算	量子计算
使用二进制比特（0或1）作为信息的基本单位	使用量子比特（0和1的叠加态）作为信息的基本单位
基于布尔代数和逻辑门进行运算	基于线性代数和量子门进行运算
受经典物理学的规律控制	受量子力学的规律控制
可以复制和测量信号而不影响其状态	复制和测量信号影响其状态
适用于宏观尺度的问题	适用于微观尺度的问题
对某些复杂的问题效率较低，如大数分解和优化问题	对某些复杂的问题效率较高，如大数分解和优化问题

2. 量子计算在现代世界中的意义

随着对量子计算世界研究的愈发深入，我们逐渐发现，这项技术具有彻底改变广泛行业和众多应用的潜力，从密码学和信息安全到药物发现、材料科学、优化、机器学习、气候建模和金融风险分析领域，量子计算技术都大有可为。量子计算前所未有的迅速处理和分析大量数据的能力，可能会带来更多科学研究的突破、改善医疗保健，建立更高效的交通系统，以及更好地理解和控制复杂系统。

此外，因为全球各国政府和公司在相关研发上投入了大量资金，以保持在这一前沿技术的领先地位，所以量子计算还为创新和经济增长提供了更多机会。然而机遇与挑战并存，随着量子计算技术变得越来越贴近生活，其应用扩大，新的工作机会和技能将出现，这同时也对未来劳动力的素质提出了全新的要求。

二、什么是量子力学

1. 波粒二象性

波粒二象性是量子力学中的一个核心概念，它从根本上改变了我们对微观世界的理解。这一原理表明，亚原子粒子，如电子和光子，同时表现出类波和类粒子的性质。根据实验设置的不同，粒子可以表现为局部的、离散的实体，也可以表现为连续的、分布的波，它们可以相互干扰。

图 4-5　波粒二象性（图片由 AI 生成）

光电效应

最开始，人们认为光是由微小粒子组成的一股粒子流。这一观点最为知名的支持者是艾萨克·牛顿，他用这种模型成功推导了折射定律。然而随着光学仪器测量精度逐渐提高，实验事实证明，光是以波而不是粒子流的形式传播的。1801 年，托马斯·杨进行了著名的双缝干涉实验，毫无疑问地证明了光的波动性。可是，海因里希·鲁道夫·赫兹于 1887 年首次观察到的光电效应，却又展现了光粒子性的一面。在这种现象中，当材料暴露在电磁辐射中时，电子就会被发射出来。然而，经典的光波理论并不能解释一些实验观测结果，例如，电子的发射取决于入射光的频率，而不是它的强度。1905 年，阿尔伯特·爱因斯坦解决了这种差异，他提出光由离散的能量包组成，它们表现为粒子。当一个光子与材料中的电子相互作用时，它可以将其能量转移给电子，如果能量足够，电子就可以逃逸。这一理论为爱因斯坦赢得了 1921 年的诺贝尔物理学奖，并确立了光的类粒子性质。然而不可否定的是，上述观点和实验结果，都对确认光的波粒二象性发挥了至关重要的作用。

德布罗意假说

光电效应证明了光的类粒子性质，另一个突破出现在 1924 年。当时路易·德布罗意提出，既然原来作为波的光具有粒子性，那反过来，粒子，如电子等，应该也可以表现出类波的性质。德布罗意假设一个粒子的相关波的波长与它的动量成反比，这个想法现在被称为德布罗意波长。这一假设表明，每个粒子都具有波状性质，这后来在电子和其他粒子中得到了实验证实。

物质波和波函数

粒子的类波性质，现在称为物质波，可以用称为波函数的数学函数来描述。粒子的波函数包含了关于其位置、动量和其他性质的所有信息。然而，波函数本身并不能直接观测到；相反，它的平方表示粒子位置的概率分布。这种由玻恩提出的概率解释，进一步强调了量子领域中的粒子与经典世界的根本不同。

2. 态叠加原理

叠加是量子力学的核心原理，它使量子力学有别于经典力学。量子粒子，如电子和光子，可以以多个状态同时存在，直到它们被测量或观察到。当进行测量时，量子系统将"坍缩"成一种可能的状态，其概率由与每个状态相关的波函数振幅决定。举个例子：对于一盏经典的，也就是我们日常生活中的灯，它只有亮和暗两种状态；如果假设我们有一盏"量子灯"，在我们不去看它时，它可以"既亮又暗"，当我们对这盏灯进行观察时，它便会立刻坍缩到要么亮要么暗的状态。

图 4-6　薛定谔的猫，在未观测之前处于既活又死的叠加态，与麦克斯韦妖、芝诺的乌龟、拉普拉斯兽并称为"物理学四大神兽"（图片由 AI 生成）

在量子力学中，量子系统的状态可以用一个称为状态向量的数学对象来表示。状态向量可以表示为基向量的线性组合，它对应于一个特定测量的可能结果。在我们之前的例子中，"量子灯"的亮和暗两种状态就是一组基向量。当一个粒子处于叠加状态时，它的状态向量沿着多个基向量具有非零分量，反映了每个结果的概率。这使得量子粒子可以同时以一系列的状态存在，从而产生了量子系统的显著特性。

叠加原理产生了一种被称为量子干涉的现象，当多个量子态的某些可能观测结果的概率被增大或减小时，就会发生这种现象。这和波的干涉是相同的，相干的波叠加会在某些地方增强，某些地方相消；量子态在一定条件下其实就是一种波，这个观念和之前提到的波粒二象性是一致的。量子干涉可以在双缝实验等实验中观察到，粒子"同时"通过两个狭缝的路径叠加，进而在屏幕上产生干涉图案。量子干涉是量子计算的一个关键特征，因为它能够使量子算法比经典算法更有效地解决问题。

量子计算中的量子叠加

叠加原理在量子计算机的运行中起着至关重要的作用。在量子计算机中，信息由量子比特表示，它们可以以 0 态和 1 态的叠加形式存在。这使得量子计算机能够同时对多个输入执行计算，与经典计算机相比，这类特性为解决某些问题的量子算法提供了显著的速度优势。因此，控制和操纵量子叠加的能力，对于量子算法的实现和大规模量子计算的实现至关重要。

3. 量子纠缠

纠缠是量子力学中一种独特的、违反直觉的现象，当两个或两个以上粒子的状态相关联时，即使空间相距很远，纠缠现象也会发生。一旦纠缠起来，一个粒子的状态就不能独立于另一个粒子的状态来描述，因为这些粒子会成为一个单一的、不可分割的量子系统的一部分。纠缠是量子力学概念的核心，在量子计算和量子通信中起着至关重要的作用。

图 4-7　纠缠的两个粒子可以看作不可分割的整体，对某一部分的状态确定，必定会导致另一部分状态的确定（图片由 AI 生成）

纠缠粒子的产生

纠缠粒子可以通过各种过程产生，如非线性晶体中的自发参量转换会产生纠缠光子对。另一种方法是使用粒子之间的受控相互作用来纠缠量子比特。不管采用哪种方法，本质都是粒子间的相互作用使它们的状态变得相互依赖。

量子非局域性与 EPR 悖论

定域性原则规定在特定位置发生的物理过程不应依赖于在遥远位置的物体的性质。纠缠最显著的特征之一是它明显违反了定域性原则，被称为量子非局域性。它首先由爱因斯坦、波多尔斯基和罗森在 1935 年的 EPR 悖论论文中提出。他们认为，如果量子力学是完整的，它就会意味着"令人毛骨悚然的超距作用"，这似乎与定域性原则相矛盾。虽然 EPR 悖论质疑了量子力学的完整性，但随后的实验和理论发展已经证实了纠缠的存在性和非局域性的性质。

量子隐形传态

将甲地的某一粒子的未知量子态，在乙地的另一粒子上还原出来。量子力学的不确定原理和量子态不可克隆原理，限制我们将原量子态的所有信息精确地全部提取出来。因此，必须将原量子态的所有信息分为经典信息和量子信息两部分，它们分别由经典通道和量子通道送到乙地。根据这些信息，在乙地构造出原量子态的全貌。

量子纠缠在量子隐形传态中起着核心作用，这一过程允许利用纠缠粒子将量子信息从一个位置传输到另一个位置。在量子隐形传态中，量子比特的状态被转移到一个遥远的量子比特，而不是物理地传输量子比特本身。这是通过使用发送方和接收方之间共享的纠缠粒子对以及经典通信来实现的。量子隐形传态展示了纠缠在实现经典系统中不可能实现的新型通信和信息处理方面的力量。

量子计算中的纠缠

纠缠是量子计算中的一个关键资源，通过它，我们能够设计和实施量子算法，有望比经典算法更有效地解决问题。许多量子算法，如舒尔的整数分解算法和格罗佛的非结构化搜索算法，都依赖于对纠缠量子比特的操作，进而执行复杂的计算。此外，纠缠还可以用来创建量子纠错码，这对于保护量子信息不受噪声和退相干的影响而产生错误这一课题而言，至关重要。

4. 量子隧穿

量子隧穿是一种迷人的和违反直觉的现象。它允许粒子通过根据经典物理学预测所无法克服的能量障碍。想象一辆小汽车，小汽车的面前是一座高山，按照我们的日常经验，除了老老实实翻山越岭，小汽车是没有其他办法跨过这座高山的；但如果我们的小汽车是量子的，那么它有一定的概率可以直接穿过这座山，就好像面前的高山突然出现一条隧道让我们的小汽车顺利通过。这种独特行为的出现是因为量子粒子的波函数，它描述了它的概率分布，可以扩展到势垒之外，使粒子在另一边被发现的概率非零。

隧穿概率和屏障特性

粒子隧穿通过势垒的概率取决于几个因素，包括势垒的高度、宽度和粒子的能量。一般来说，能级更高、势垒更窄、势垒高度更低的粒子更容易发生隧穿。随着势垒宽度的增加，隧穿概率呈指数级下降，使得隧穿成为对势

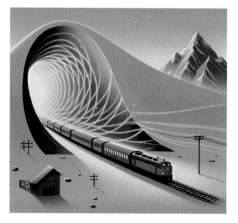

图 4-8　粒子隧穿示意图（图片由 AI 生成）

垒特性高度敏感的现象。势垒可以比作高耸的山峰，经典的粒子必须越过山峰才能够到达另一端，而量子世界允许穿山隧道的存在，粒子能以一定的概率直接穿过山峰。

化学反应中的量子隧穿

量子隧穿在化学反应中起着重要的作用，特别是那些涉及氢转移的作用。在某些情况下，隧穿会显著影响反应速率，因为粒子能够绕过反应发生所需的能量势垒。这种行为已经在酶催化的反应中观察到，隧穿可以提高分子间氢转移的速率，使反应以比经典理论预测的更快的速度进行。

天体物理学中的量子隧穿效应

天体物理过程，如恒星中的核聚变，也依赖于量子隧穿。例如，在太阳中，两个质子将越过静电斥力势垒熔合并产生氦，最终以光和热的形式释放出大量的能量。如果没有量子隧穿为恒星提供动力，核聚变反应就不会以实验观测到的速度发生，这大大影响了我们对恒星演化和核聚变的理解。

三、量子计算的原理

1. 对量子算法的介绍

格罗佛算法

在自量子计算诞生以来出现的众多量子算法中，格罗佛算法是量子计算相对于经典方法具有潜在优势的一个显著例子。该算法由格罗佛于1996年提出，与经典搜索算法相比，它能够以更快的搜索速度对未排序的数据库进行搜索操作。

格罗佛算法的诞生

格罗佛算法的故事始于贝尔实验室的研究员洛夫·格罗佛，他对量子计算机在一个未分类的数据库中搜索时，是否能优于经典计算机的问题很感兴趣。当时，彼得·舒尔已经用他的分解算法证明了量子计算的能力，格罗佛便受到启发去探索量子计算可以发光的其他领域。

格罗佛的突破出现在1996年，当时他发现了一种量子算法，可以用大约$\sqrt{N}$步搜索N个项目的未排序数据库，这比平均需要$N/2$步的经典搜索算法有显著的改进。这一发现是量子计算领域的一个重要里程碑，展示了量子算法在特定任务中优于经典算法的潜力。

格罗佛算法的内部工作原理

格罗佛算法依靠量子叠加和干涉的原理来实现其显著的加速效果。该算法的核心包括两个主要操作：先知函数和格罗佛扩散算子。先知函数对搜索问题的解决方案进行编码，而格罗佛扩散算子放大了解态的振幅，使其在进行最终测量时更有可能被观测到。

格罗佛算法背后的关键想法是，它巧妙地利用量子叠加的干涉来抵消非解态的振幅，同时放大解态的振幅。根据数据库的大小，这个过程被重复一个特定的次数，最终增大了在测量最终量子态时找到正确解的概率。

格罗佛算法的应用

格罗佛算法的主要应用是搜索未排序的数据库。然而，它的用途远远超出了这个最初的用例。格罗佛算法可以用于解决广泛的问题，包括组合优化、约束满足和机器学习。一些值得注意的应用场景包括：

密码分析：格罗佛算法可用于攻击对称密钥密码系统，如高级加密标准（AES）。通过比经典方法更有效地搜索密钥空间，运行格罗佛算法的量子计算机可以将有效密钥长度减少一半，这可能会威胁到这些系统的安全性。

蛋白质折叠：在计算生物学领域，格罗佛算法可以用于加速寻找最佳的蛋白质构象这一过程，帮助科学家更好地理解蛋白质折叠的复杂过程及其对阿尔茨海默病和帕金森病等疾病的影响。

机器学习：格罗佛算法也可以用于机器学习任务，如模式识别和分类。通过加速对最优参数和配置的搜索，运行格罗佛算法的量子计算机可以显著提高机器学习模型的效率和准确性。

舒尔算法

舒尔算法可能是迄今为止最著名的量子算法，它能够有效地破解 RSA 加密算法，因此吸引了科学界和广大公众的注意。舒尔算法由舒尔于 1994 年开发，这个开创性的算法对密码学领域具有深远的影响，并在推动人们对量子计算的兴趣和投资方面发挥了关键作用。

舒尔算法的诞生

舒尔算法的故事始于 AT&T 贝尔实验室的数学家和计算机科学家彼得·舒尔，他对量子计算的潜力非常着迷。受理查德·费曼和大卫·多伊奇等研究人员的启发，舒尔试图发现利用量子力学独特的新算法，以前所未有的速度解决复杂的问题。

舒尔的突破出现在 1994 年，当时他开发了一种量子算法，该算法可以以比当时最高效的经典算法更快的速度分解大数。这一发现给科学界带来了冲击，因为分解大数是许多加密方案的一个关键步骤，比如广泛使用的 RSA 密码系统。舒尔的算法展示了量子计算冲击传统密码学领域并促进诞生全新密码学理论的潜力，这使人们对量子计算机发展的兴趣激增。

舒尔算法的内部工作原理

舒尔算法基于量子叠加和傅里叶分析原理，相比传统算法显著提高了分解大数的效率。该算法包括两个主要阶段：一个量子相位估计子程序和一个经典的数论步骤。

量子相位估计是量子计算中的一个重要程序，它利用量子力学的原理来解决一些复杂的数学问题。特别是，这种方法可以用来找出一个数的周期性质，这是通过量子傅里叶变换实现的，一个与经典傅里叶变换相似但在量子计算中使用的技术。

周期指的是某个函数重复自身的频率。在数学和量子计算中，能够确定一个复杂函数的周期是非常有用的，特别是在数的因式分解中。数的因式分解就是将一个数分解成几个较小数的乘积，这些较小的数称为因数。例如，15 可以分解为 3 和 5 的乘积。

一旦通过量子相位估计找到了相关函数的周期，就可以使用传统的数论方法来计算出原始数的质因数。这在加密和网络安全领域非常重要，因为许多加密系统的安全性依赖于因式分解的难度。

量子相位估计使得这一过程更加高效，尤其是对于大数的因式分解，这是传统计算机处理起来非常困难的。这也是为什么量子计算在未来可能在解决这类问题上具有巨大优势的原因之一。

舒尔算法背后的关键思想是，它将分解的问题转化为寻找函数周期的问题，而这可以用量子算法有效地解决。这种对问题空间的巧妙操作，使舒尔的算法能够优于经典的分解算法。

舒尔算法的应用与影响

舒尔算法最重要的应用在于它有打破现代密码系统的潜力，特别是那些基于大数分解困难性的系统。

密码学：其安全性依赖于"大数因数分解对经典计算机来说，从计算角度来说不可行"这一共识。然而，当舒尔算法在足够大的量子计算机上运行时，它可以高效地因数分解这些大数，从而使得 RSA 和类似的加密方案变得脆弱。这一发现推动了一个旨在开发对量子攻击具有抵抗力的加密方法，即后量子密码学的研究。

计算数论：除了密码学，舒尔算法还对计算数论领域产生了影响。通过展示量子计算在解决以前难以处理的问题方面的潜力，舒尔的工作激发了研究人员对其他数论新量子算法的探索，例如计算离散对数和解决丢番图方程。

量子模拟算法

量子模拟算法为理解复杂的量子系统并模拟其行为开辟了新的可能性。

这些利用量子计算机的力量来模拟量子系统行为的算法，有可能彻底改变材料科学、化学和粒子物理学等领域。

量子模拟算法的诞生

利用量子系统来模拟其他量子系统的想法，可以追溯到物理学家理查德·费曼在 20 世纪 80 年代早期的开创性工作。费曼提出，量子计算机可以用来模拟量子现象，因为它能够自然地复制量子系统。这一开创性的想法为量子模拟算法的发展奠定了基础。

多年来，研究人员提出了多种量子模拟算法，包括量子相位估计算法、变分量子本征求解器（VQE）和量子近似优化算法（QAOA）。这些算法被用于解决不同类型的量子模拟问题，如模拟量子多体系统、分子动力学和量子场论。

量子模拟算法的内部工作原理

量子模拟算法利用量子力学的原理，如叠加和纠缠，来高精度地模拟量子系统。根据特定的算法，它们可能涉及各种技术，如特罗特分解、矩阵乘积态或变分量子线路。

这些算法的一个共同特征是它们能够有效地表示和操作量子态，而经典计算机要模拟这些态往往需要指数级的资源。通过利用量子比特固有的量子特性，这些算法可以克服经典模拟技术的局限性，并为复杂的量子系统提供见解。

量子模拟算法的应用

量子模拟算法有广泛的潜在应用，从理解量子力学的基本方面到设计新的材料和药物。一些值得注意的应用前景包括：

材料科学：量子模拟算法可以用于研究材料的量子级性质，使研究人员能够预测和理解物质的超导性、磁性和拓扑相等现象。这可能为发现具有奇异特性的新材料铺平道路，如室温超导体或具有特殊强度的材料。

化学：在化学领域，量子模拟算法可以用来精确地模拟分子和化学反应的行为。这可能助力开发更高效的催化剂、更好的电池和新药物等。例如，氨是化肥的关键成分，也是全球食品生产的必需品，研究人员已经使用量子模拟算法来研究负责将大气中的氮转化为氨的固氮酶。通过更好地了解这种酶的催化机制，科学家们可以开发出更有效生产氨的方法。

粒子物理学：量子模拟算法也可以应用于粒子物理学领域的研究，包括亚原子粒子的行为和强核力等课题。这可以提供关于自然基本力和奇特粒子及物态（如夸克胶子等离子体）性质的见解。

2. 量子纠错

量子纠错是量子计算的一个重要方面，因为它解决了量子系统固有的脆弱性和对噪声的敏感性。如果没有有效的纠错技术，量子计算机将难以保持相干性，执行可靠的计算。

量子纠错的诞生

量子纠错的发展可以追溯到 20 世纪 90 年代初，当时研究人员开始探索建立可靠的量子计算机的可行性。鉴于量子系统对其环境高度敏感，构建量子计算机的主要挑战之一是保护脆弱的量子信息不受噪声和错误的影响。

第一次突破出现在 1995 年，当时彼得·舒尔提出了第一个量子纠错码，它被称为舒尔码。随后被发现的其他量子纠错码，如斯蒂恩码和基塔耶夫托里克码，为现代量子纠错技术奠定了基础。

量子纠错的原理

量子纠错的实现原理之一是对量子信息进行编码，从而可以在不干扰脆弱量子态的情况下检测和纠正量子信息。其核心思想是将量子信息分散到多个量子比特上，创造一种冗余形式，即使某些量子比特受到错误的影响，也能恢复原始信息。

量子纠错的关键挑战是开发能够有效检测和纠正错误的编码和协议，同时保留量子态的有效信息。多年来，各种量子纠错码和技术已经发展起来，包括表面码、拓扑码和连接码。

量子误差修正的应用和故事

量子纠错是实现量子计算潜力的关键。与其应用和重要性相关的领域包括：

容错量子计算：发展有效的量子纠错技术是构建大规模、容错的量子计算机的先决条件。这些设备将能够在存在噪声和错误的情况下执行复杂的量子算法和模拟。对量子纠错的持续研究，是构建能够在各种任务中胜过经典计算机的实用量子计算机的重要组成部分。

超导线路	囚禁离子	光子	冷原子	硅基量子点	NV 色心	拓扑量子比特
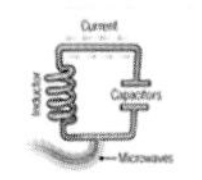	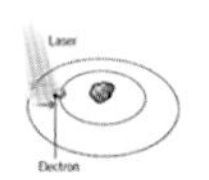	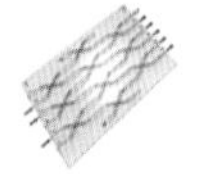		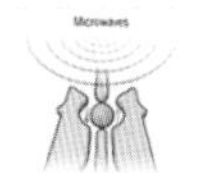	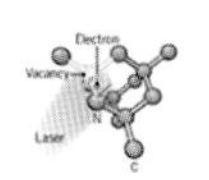	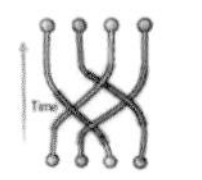
运行速度快、基于现有半导体工艺；但需要维持极低温环境。	优质的量子比特，操控精度高，相干时间长，室温下运行；但比特数目扩展较难。	室温下运行，易于芯片集成，运行速度快；但相互作用困难，没有信息的存储能力。	优质量子比特数目多，相干时间长，算法适应性好，室温下运行；但操控精度不够高。	能利用现有半导体工艺；但量子纠缠数量较少，需要低温环境。	室温下运行，发光稳定、相干时间长，但比特数目扩展较难。	内禀的容错能力，但是否存在尚不确定。

图 4-9　现有量子计算主要架构

量子通信：量子纠错对于量子通信系统也很重要，如量子密钥分配（QKD）。在 QKD 中，量子纠错技术用于确保量子信息在长距离上的安全传输，帮助建立抗窃听的安全通信信道。

拓扑量子计算的发展：拓扑量子纠错码的发现，如基塔耶夫环面码，促进了拓扑量子计算的发展。这种量子计算方法是基于在某些量子系统的拓扑特性中对量子信息进行编码，使其本质上对误差具有鲁棒性。拓扑量子计算是一个活跃的研究领域，微软等公司正在大力投资以促进其发展。

3. 量子计算架构

离子阱

离子阱量子计算是构建大规模量子计算机最有前途的方法之一，它的主要技术特点是操纵被束缚在电磁场中的单个离子来执行量子操作。

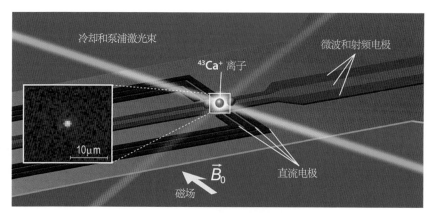

图 4-10 离子阱量子计算示意图

离子阱量子计算的诞生

离子阱量子计算的概念可以追溯到 20 世纪 90 年代初，当时研究人员首次提出使用离子阱作为量子比特。这个想法的灵感来自原子物理学的进步，特别是捕获和操纵单个离子技术的发展。

1995 年，利用离子阱的双量子比特量子门的首次实验演示成功，是量子计算发展的一个重要里程碑。从那时起，离子阱量子计算继续发展，世界各地的研究人员都致力于改进和扩展这项技术。

离子阱量子计算的技术细节

离子阱量子计算包括将单个离子限制在一个电磁阱中，并使用激光或微波辐射来操纵它们的内部量子态。用被捕获离子的内部能级代表量子信息，于是它们能被看作量子比特。

离子阱量子计算的关键组成部分包括：

离子阱：离子被限制在电磁阱中，电磁阱可以是线性的（如线性保罗陷阱），也可以是更复杂的几何形状（如潘宁陷阱）。这些陷阱创造了一个环境，使离子可以与外界干扰隔离，并可以被高精度操纵。

量子比特初始化和读出：离子的内部量子态被初始化，并使用激光或微波辐射读出。辐射与离子相互作用，使它们处于特定的量子态，或者在进行量子操作后测量它们的最终状态。

量子操作：量子门是量子线路的基本组成部分，它是通过对被捕获的离子应用调谐的激光或微波辐射来实现的。这种辐射诱发了离子之间的相互作用，使它们能够执行量子操作，如纠缠和叠加。

離子阱量子計算的優勢、挑戰

離子阱量子計算有幾個優點，如長相干時間、高保真的量子操作和強量子比特 - 量子比特相互作用。然而，它也面臨著挑戰，特別是在將該技術擴展到大量的量子比特和開發用於量子糾錯的實際架構方面。

超導量子計算

超導量子比特處於量子計算研究的前沿，為構建大規模量子計算機提供了一種很有前途的方法。它利用超導材料的獨特特性來創造和操縱量子態。

超導量子比特的誕生

超導量子比特的概念最早是在 20 世紀 90 年代末提出的，當時研究人員正試圖利用超導體的非凡特性來進行量子計算。超導量子比特的實驗首次演示很快進行，為該領域的快速發展鋪平了道路。

在過去的二十年裡，超導量子比特經歷了顯著的改進，研究人員開發了各種類型的量子比特，如透射子、Xmon 和通量量子比特，每一種都有其獨特的特性和優勢。

超導量子比特的技術細節

超導量子比特是由超導材料製成的微小電路，當冷卻到極低的溫度時，其電阻為零。這些電路可以通過其量子化的能級來存儲和操縱量子信息。

超導量子比特的關鍵組成部分包括：

約瑟夫森結：超導量子比特的核心元素是約瑟夫森結，一個夾在兩個超導層之間的薄絕緣勢壘。約瑟夫森結允許庫珀對（在超導體中結合在一起的電子對）的隧穿，創造了一個非線性電感，這對超導量子比特的功能至關重要，簡而言之，超導量子比特就是一個非線性的 LC 振盪電路。

量子比特类型：超导量子比特有几种类型，包括电荷、相位、通量和透射量子比特。每种类型都有独特的特性和性能属性，如相干时间、操作频率和对噪声的敏感性。

量子操作：超导量子比特是用微波脉冲来操纵的，它能在量子比特的能

图4-11　离子阱，用于在真空腔中精确操控离子完成量子计算，腔室周围的透视窗口能将激光引入腔室内，准确地照射到离子上

级之间引起跃迁。通过仔细控制这些脉冲，研究人员可以执行量子操作，如单量子比特旋转和多量子比特门。

新的量子比特结构：对超导量子比特的研究促进了对新的量子比特结构的探索，如 gmon 量子比特和电容分流通量量子比特。这些新的设计旨在通过最小化噪声的影响和增加相干时间来提高量子比特的性能，这对于构建能够执行复杂计算的大规模量子计算机至关重要。

混合量子系统：超导量子比特与其他量子技术相结合，创造出混合量子系统。例如，研究人员正在研究超导量子比特与光子线路、离子阱和拓扑量子比特的集成。这些混合系统可能会利用不同量子技术的优势，从而产生更稳定和通用的量子计算机。

超导量子比特已经成为量子计算的一个重要研究领域，它们的不断发展正在增加这一变革性技术的潜力。随着研究人员不断改进超导量子比特技术，我们可以期待更多的突破，更接近于实现量子计算的全部潜力。

拓扑量子计算是一种独特的、有前途构建量子计算机的方法，它利用了物质迷人的拓扑性质。

拓扑量子计算的诞生

拓扑量子计算的思想最早是由物理学家阿列克谢·基塔耶夫在 20 世纪 90 年代末提出的。基塔耶夫的开创性工作为拓扑量子计算奠定了基础，它证明了物质的某些拓扑状态可以用来创建鲁棒和容错的量子计算机。

自提出以来，拓扑量子计算吸引了世界各地研究人员和组织的极大兴趣，这促使人们对物质拓扑状态及其在量子计算中的潜在应用的理解取得重大进展。

拓扑量子计算的技术细节

拓扑量子计算依赖于物质拓扑状态的独特性质，它们表现出鲁棒性和容错性的量子行为。这些状态的特征是其拓扑不变量，在连续变形下保持不变。

拓扑量子计算的关键组成部分包括：

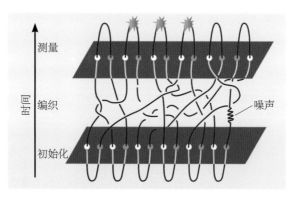

图 4-12　拓扑量子计算示意图

拓扑量子比特：在拓扑量子计算中，量子信息被存储在拓扑量子比特中。拓扑量子比特由被称为任意子的特殊类型准粒子形成。这些任意子存在于某些二维材料中，并表现出独特的编织行为，可以用来操纵量子信息。

编织操作：拓扑量子计算中的量子操作是通过相互编织任意子来完成的。这一过程导致了一个拓扑转换，以一种高度鲁棒和容错的方式编码量子信息。

读出和纠错：在拓扑量子计算中，由于拓扑状态的鲁棒性，纠错被固有地建立在系统中。可以通过测量任意子的状态来读出量子信息。

拓扑量子计算的优势、挑战

拓扑量子计算的优点包括固有的容错性和抗噪声的鲁棒性，这对构建大规模量子计算机至关重要。然而，拓扑量子计算也面临着重大的挑战，特别是在任意子的识别和操纵，以及合适的材料开发和实验技术方面。

光子量子计算

光子量子计算是一种令人兴奋的创新量子计算方法，它使用光粒子或光子来编码和处理量子信息。

光子量子计算的诞生

利用光子进行量子信息处理的想法可以追溯到 20 世纪 90 年代早期。随着量子通信和量子密码学协议的出现，研究人员很快意识到光子在量子计算中的潜力，光子量子计算的概念就诞生了。

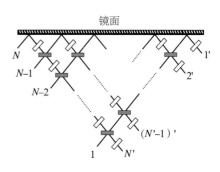

图 4-13　光子量子计算示意图

多年来，光子量子计算已经从一个理论概念发展到一个实用的实验平台，世界各地的研究人员都致力于开发光子量子计算设备。

光子量子计算的技术细节

光子量子计算依赖于光子的独特特性，如它们同时处于多态（叠加）的特性和它们的量子纠缠特性。光子量子计算的关键组成部分包括：

光子量子比特：在光子量子计算中，量子信息被编码在单个光子的量子态中，通常使用偏振或空间模态等特性。这些光子量子比特可以使用线性光学元件来操纵，如分束器和移相器，来执行量子操作。

量子逻辑门：光子量子计算需要实现量子逻辑门，这使光子量子比特的操作成为可能。其中一些门可以使用线性光学元件来实现，而另一些门则需要更复杂的非线性光学相互作用或使用辅助光子。

量子网络与通信：光子是长距离量子信息的天然载体，使光子量子计算成为量子网络和通信的理想平台。光子量子计算可以促进安全量子通信协议的发展和量子互联网的实现。

光子量子计算的优势、挑战

光子量子计算具有以下优点：低噪声和退相干，与现有的光通信基础设施兼容，具有长距离量子通信的潜力。然而，光子量子计算也面临着挑战，包括生成和检测单个光子的困难，以及需要高效、可扩展的光子设备。

四、构建量子计算机所面临的挑战

1. 可扩展性

在构建量子计算机中，最重要的挑战之一是实现可拓展性，或者说是构建和操作具有数千甚至数百万个量子比特元的大规模量子计算机的能力。

可拓展性在量子计算中的重要性

可拓展性对于实现量子计算的全部潜力至关重要。虽然只有少量量子比特元的小规模量子计算机已经被实现，但量子计算最具变革性的应用，如大规模模拟、密码学和优化，都需要具有更多量子比特元数量的量子计算机。

可扩展性的技术方面

在量子计算中实现可拓展性涉及几个相互关联的技术挑战，包括：

量子比特相干性：随着量子计算机中量子比特数量的增加，保持较长的相干性时间变得更具挑战性。相干时间必须足够长，才能执行必要的量子操作，研究人员正在不断致力于改进量子比特设计和材料，以增强相干性。

量子比特互联性：可扩展的量子计算机需要有效的方法来连接和操作大量的量子比特。这包括开发新的互连架构，如超导体系中的微波谐振器，以实现必要的量子操作。

纠错：由于量子态的脆弱性，大规模量子计算机将不可避免地产生错误。开发和实现鲁棒量子纠错技术是实现可扩展量子计算的关键。

生产和制造：制造大规模的量子计算机需要先进的生产和制造技术，以生产高质量、高可靠性的量子比特和其他高精度和高产量的组件。

2. 退相干

退相干是量子计算机发展的主要障碍，因为它是量子比特与环境的相互作用导致的量子信息损失。

理解量子计算中的退相干

当一个量子系统,如量子比特,与环境相互作用,导致量子态与经典态混合时,就会发生退相干。这个过程破坏了存储在系统中的量子信息,使其不能执行可靠的量子操作。

退相干的技术方面

退相干受到以下几个因素的影响:

量子比特设计:量子比特技术的选择,如超导量子比特或离子阱,可以对量子比特退相干的磁化率产生重大影响。研究人员不断改进量子比特设计和材料,以减少退相干。

环境噪声:外部因素,如温度、磁场和电噪声,可以导致量子系统的退相干。为了减弱退相干性,量子计算机通常被安置在具有专门的屏蔽和冷却系统的高度控制环境中。

纠错:开发和实现鲁棒的量子纠错技术可以帮助解决退相干的影响。这些技术可以纠正由退相干引起的误差,即使在存在噪声的情况下,也能实现可靠的量子计算。

3. 控制和测量精度

控制和测量精度是量子计算机发展的关键因素,因为它们决定了量子操作的准确性和量子态的测量能力。

控制和测量精度在量子计算中的重要性

为了执行量子操作并从量子计算机中提取有意义的信息,对量子比特进行精确控制和精确测量其量子态的能力是至关重要的。控制和测量中的任何错误都会导致结果的误差,并限制量子计算机的性能。

量子计算中的控制和测量精度受到以下几个因素的影响：

量子门保真度：在量子比特上实现量子门的精度直接影响控制精度。研究人员通过不断地改进量子比特控制技术和最小化噪声源的影响来提高量子门的保真度。

量子比特读出：测量量子比特或量子比特读出状态的过程需要高精度的探测器和测量技术。实现高读出保真度是从量子计算机中提取可靠信息的关键。

校准和调优：量子计算机通常需要频繁的校准和调优，以保持对量子比特及其相互作用的精确控制。开发自动化且稳定的校准程序对于确保大规模量子计算系统的可靠性能至关重要。

五、量子计算的应用

1. 密码学和安全

用舒尔的算法打破传统的加密技术

舒尔的算法在一个足够大的量子计算机上执行时，可以打破广泛使用的加密方案，如 RSA 和椭圆曲线密码学。这对当前通信和数据存储系统的安全性具有重要影响：

RSA 算法：RSA 加密，以其发明者里维斯特、沙米尔和阿德勒曼的名字命名，几十年来一直是安全通信的支柱。RSA 的安全性依赖于分解大数的困难，这一问题可以在量子计算机上使用舒尔算法有效地解决。

对全球安全的影响：RSA 和其他加密方案对量子计算机的潜在脆弱性已经引起了政府、组织和个人对后量子世界中的数据和通信安全的担忧。

后量子密码学的发展

为了应对量子计算机构成的潜在威胁，研究人员正在积极开发新的密码学方案，即后量子密码学（PQC）。PQC被设计用来抵抗经典计算机和量子计算机的攻击：

格子密码学：基于格子密码学的方案，如依赖于格子问题硬度的错误学习（LWE），这些问题被认为是可以抵抗量子攻击的。这些方案是后量子加密和数字签名的候选方案。

基于解码的密码学：PQC的另一种方法涉及使用纠错码，如McEliece密码系统。

NIST后量子密码学标准化：美国国家标准与技术研究所（NIST）正在努力评估和标准化后量子密码学算法，以确保未来开发稳定和安全的加密解决方案。

量子密钥分发（QKD）

量子密钥分发（QKD）是一种基于量子的安全通信技术，它利用量子力学的原理在双方之间建立加密密钥：

BB84：BB84协议，于1984年由班尼特和布拉萨德开发，是第一个QKD协议。它利用量子力学的性质，如无克隆定理和海森堡的不确定性原理，以确保任何窃听尝试都可以被检测。

现实世界的实现：QKD已经在现实世界的场景中成功实现，包括空间尺度的量子实验（QUESS）项目，该项目演示了中国和奥地利之间基于卫星的QKD，以及日本的大都市量子通信网络东京QKD网络。

未来前景：QKD提供了一种理论上不可破解的密钥交换方法，有潜力彻底改变安全通信。然而，需要解决诸如可扩展性、成本和与现有基础设施的集成等挑战，才能使 QKD 成为一个可以广泛使用的实用解决方案。

量子计算在密码学和安全领域的应用，不仅面临挑战，也带来了机遇。虽然量子计算机打破当前加密方案的潜力引起了人们的担忧，但后量子密码学的发展和对 QKD 等基于量子的安全解决方案的探索表明，该领域正在积极努力地确保量子时代的安全通信和数据保护。

2. 药物发现和材料科学

药物发现中的量子计算

通过模拟和分析复杂的分子结构和相互作用，量子计算有潜力显著加快药物发现的过程：

蛋白质折叠：药物发现的主要挑战之一是理解蛋白质如何折叠成具有其功能的三维结构。量子计算机可以比经典计算机更准确、更有效地模拟蛋白质折叠过程，为新药的设计提供依据。

药物 - 靶标相互作用：量子计算机还可以帮助模拟候选药物与其靶标蛋白之间的相互作用，使其能够以更高的准确性和更快的速度识别潜在的候选药物。

材料科学中的量子计算

材料科学是另一个受益于量子计算的领域，它可以使发现和设计具有所期望特性的新材料成为可能：

电子结构计算：量子计算机可以比经典计算机更有效地执行电子结构计算，允许研究人员以更高的精度预测新材料的特性。

超导体的发现：量子计算有潜力促进高温超导体的发现，这将彻底改变能量传输和存储领域，并使速度更快、更高效的计算技术成为可能。

为了探索量子计算在药物发现和材料科学中的应用，已经启动了一些合作和倡议：

化学中的量子算法：谷歌的量子人工智能团队与来自哈佛大学、劳伦斯伯克利国家实验室和多伦多大学的研究人员合作，开发了模拟化学系统的新量子算法。

IBM 量子加速器：IBM 已经建立了 IBM 量子加速器，旨在推进量子计算应用在各个领域的开发和商业化，包括医药学和材料科学。

材料的量子计算（QCMaT）项目：由欧盟资助的 QCMaT 项目，旨在开发一个使用量子计算研发材料的软件平台，重点是识别用于能源应用的新材料。

量子计算通过提供前所未有的计算能力和准确性，有可能彻底改变医药学和材料科学。在这些领域正在进行的研究和合作显示了量子技术在解决医药学和材料科学中一些最紧迫的挑战方面的前景。

3. 最优化和机器学习

最优化技术中的量子计算

量子计算具有显著提高解决复杂优化问题的效率的潜力，这些问题在各个行业都有广泛的应用：

旅行推销员问题（TSP）：TSP 是一个经典的优化问题，它涉及为推销员寻找访问一组城市并返回起始城市的最短的可能路线。量子计算算法，如量子近似优化算法（QAOA），有潜力比经典算法更有效地解决 TSP 和其他组合优化问题。

供应链优化：量子计算也可以用于优化复杂的供应链网络，帮助企业降低成本、提高效率。

机器学习中的量子计算

机器学习是人工智能的一个子领域，它受益于量子计算机的计算能力，从而促进更先进的算法和模型的发展：

量子机器学习算法：研究人员正在开发量子机器学习算法，该算法可能比经典算法更有效、更准确地执行分类、回归和聚类等任务。

量子神经网络：受经典神经网络的启发，量子神经网络（QNNs）利用量子力学的原理来处理和存储信息。QNN 有潜力建模复杂的数据模式，并解决目前经典神经网络难以解决的具有挑战性的问题。

现实世界中的合作和倡议

一些合作和倡议都集中于探索量子计算在优化和机器学习中的应用：

大众和 D-Wave：汽车公司大众与量子计算公司 D-Wave 合作，开发交通流量优化的量子算法，帮助减少拥堵，提高交通效率。

谷歌的 TensorFlow Quantum：谷歌开发了 TensorFlow Quantum，这是一个开源库，可以使用谷歌流行的 TensorFlow 平台将量子计算与机器学习集成起来。

量子人工智能实验室：由 NASA、谷歌和大学空间研究协会（USRA）合作，量子人工智能实验室旨在开发用于优化和机器学习的量子算法，并研究量子计算在空间探索和其他科学领域的潜在应用。

量子计算在优化和机器学习中的应用有可能通过提供前所未有的计算能力来彻底改变这些领域。在这些领域正在进行的研究和合作表明了量子技术在改变我们解决复杂问题和开发智能系统的方式方面的前景。

　　计算机科学与技术是近几十年来人类社会快速发展的核心技术，而量子计算是一种利用量子力学原理进行信息处理的新型计算方式。它有着巨大的潜力，可以解决一些传统计算机无法解决或者需要很长时间才能解决的问题，例如密码学、人工智能、材料研发等。量子计算也是一种非常有趣和富有挑战性的科学领域，它涉及物理学、数学、计算机科学等学科的知识。

　　如果你对量子计算感兴趣，那么你已经迈出了探索科学世界的第一步。科学不仅是一种知识，更是一种精神。科学精神，简单来说就是怀疑精神和求真精神，就是对自然现象和规律的好奇心、探索欲和创造力。科学精神还是对自己和他人的合作、交流和分享。遇到问题要勇于提出自己的看法，但也要谦虚地接受别人的批评。只有贯彻不断求真求新的科学精神，才能取得进步。

　　作为一个计算物理与量子计算领域的研究者，我想告诉你们，与学习其他所有的科学课题一样，学习量子计算不是一件容易的事情，它需要你们付出很多的努力和时间。在这个过程中，你们也需要面对很多的困难和挫折。但是，当你们在学习过程中发现新的知识、解决新的问题、创造新的方法时，你们会感受到一种无与伦比的快乐和成就感。这就是科学给我们带来的最大的奖赏，也是全世界无数科学家心甘情愿地精进，坚持孜孜不倦探索的原因所在。

我知道，量子计算对目前的你们来说，暂时还是很抽象难懂。但只要保持科学精神，多学习多思考，总有一天你们会明白其中的奥秘。在具体的知识学习背后，我认为更为重要的是，培养对未知事物的好奇心，并学会怀疑已知的规则。深爱这个美好的世界，同时也有勇气质疑我们习以为常的日常。

我相信，带着科学精神，你们一定能成为探索未知世界的小科学家！保持求知欲望，勇于探索新事物。当遇到困难时，不要轻易放弃，而要坚持探索下去。

我希望你们能够保持对科学、对量子计算的热情和兴趣，不断地学习和实践，不断地提高自己的能力和水平，不断地贡献自己的智慧和力量。我相信你们会成为未来科学界的新星，为人类社会带来更多的福祉，为人类文明的进步做出巨大贡献。

$$i\hbar\frac{\partial}{\partial t}|\psi(t)\rangle = \hat{H}|\psi(t)\rangle$$

扫码观看本讲视频

天外来音

——引力波

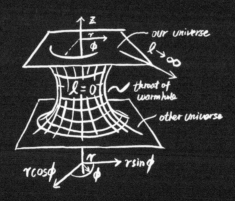

 走近科学家

倾听天外来音，追问时空本质

范锡龙，武汉大学物理科学与技术学院教授、博士生导师。在引力波天体物理方面取得了重要的研究成果，2016 年获得基础物理学特别突破奖（因参与发现引力波与 LVC 成员一同分享）。现为中国物理学会引力与相对论天体物理分会委员，湖北省天文学会副理事长。2005 年，机缘巧合下他与天文学结缘，从此踏上了引力波天文学的学习、研究之路；2015 年，他参与的激光干涉引力波天文台（LIGO）团队，第一次用地面干涉仪探测器探测到引力波，开启了引力波天文学发展的新时代；2017 年起，他开始参与武汉大学天文学科建设，直到 2023 年武汉大学天文系成立，这是孕育重大原创发现的前沿科学，也是推动科技进步和创新的战略制高点。

引力波是爱因斯坦广义相对论中的预言。爱因斯坦认为引力的本质是时空在物质影响下的弯曲，引力波则是时空的扰动以波动的形式向外传播。我们捕捉到的是"天外来音"，来自 13 亿光年之外的两个黑洞的绕转、并合产生的引力波。

天文学是一门具有哲学属性的自然科学，自牛顿证明苹果落地和地球围绕太阳转是同一种相互作用开始，人类就坚信我们可以理解宇宙。天文学观测为新物理、新世界提供了独一无二的视角。伴随着电磁波、高能粒子、中微子、引力波"自然四信使"全部被人类探测到，这些"天外使者"带来的信息会更加激发我们追问、探索、理解宇宙的热情。

范锡龙

遇见科学

　　自古以来，人类就一直对满天的星辰充满好奇。从古老的文明到现代社会，天文学的发展既是我们对宇宙的理解，也是对我们自身的探索。天文学，是人类最古老的科学之一。在数千年前，古埃及人、巴比伦人、中国人和希腊人就已经开始观察天空，记录星星的运动轨迹。他们利用这些知识来制定历法、导航，甚至预测未来。

　　进入 20 世纪，随着技术的飞速发展，我们开始用射电望远镜和太空望远镜探测宇宙的深处。我们发现了脉冲星和黑洞，甚至探测到了宇宙的微波背景辐射，这些都极大地丰富了我们对宇宙的认识。

一、起源——人类探索宇宙的"四信使"

1. 光：宇宙的故事讲述者

　　在人类漫长的历史长河中，光是最古老和最熟悉的宇宙信使，是我们了解宇宙的首要途径。自古以来，通过观察光，人类就已经能够学习到天体的存在和运动。这段旅程，充满了好奇、惊奇，以及对未知的不懈探索。

古代天文学的萌芽

　　我们的故事开始于古代文明，当时的天文学家们仅凭肉眼观测星辰。他们发现了行星和行星的运动规律，用以编制历法和导航。比如，古埃及人利用天狼星的周期来预测尼罗河的泛滥，而中国古代的观星台则见证了早期天文学的辉煌。

望远镜的革命

真正的变革发生在17世纪，伽利略改进了望远镜，并将其对准了夜空。突然间，月球不再是一个光滑的圆盘，而是一个有山脉和坑洼的世界。木星身边的四颗卫星则挑战了地心说，开启了天文学的新纪元。

光谱学的突破

19世纪，随着光谱学的发展，天文学家开始不仅仅观测光，还分析光。每一颗行星发出的光谱都像是光的指纹，揭示了光的化学组成、温度，甚至是距离地球有多远。例如，通过观察恒星的光谱，天文学家第一次确定了太阳主要由氢和氦组成。

1814年，德国物理学家夫琅禾费开始系统性地研究与测量太阳光谱。最后，他绘出了570条谱线，并且以字母A到K标示出主要的特征谱线。

图5-1　牛顿1672年使用的6英寸（1英寸=2.54厘米）反射望远镜复制品

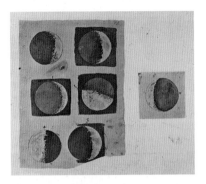

图5-2　伽利略在1610年3月出版的《星际信使》一书中的月相图

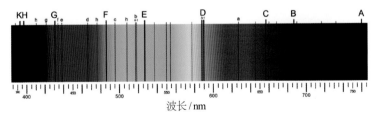

波长/nm

图5-3　在可见光范围内的太阳光谱与夫琅禾费线

后来古斯塔夫·基尔霍夫发现光谱转换定则，第一次正确地解释了太阳光谱中的黑带，并推论太阳光谱中的暗线是由在太阳上层的那些元素吸收造成的，有些被观察到的特征谱线则是地球大气层中的氧分子造成的。这一成就标志着天体物理学的诞生。

远观星系，探索宇宙

进入现代，随着技术的发展，人类构建了如哈勃太空望远镜这样的观测工具，利用这些更强大的望远镜发现了银河系外的其他星系，证明了宇宙远比我们想象的要广阔。除此之外，还观察到了星系远离我们的红移现象，从而提出了宇宙膨胀的理论，为大爆炸理论奠定了基础。

图5-4　由哈勃太空望远镜拍摄的一个巨大超新星残骸：马赛克组成的蟹状星云

图 5-5　B30727 特大质量黑洞所射出的 X 射线喷流，由美国国家航空航天局钱德拉 X 射线天文台发现

光让我们从地球这个蓝色小点，窥见了宇宙的广袤和奥秘。每一次观测和发现都加深了我们对自己在宇宙中位置的理解，都是对人类认知边界的不断拓展。

2. 宇宙射线：高能宇宙的信使

宇宙射线是高能粒子流，主要由质子和原子核组成，通常以接近光的速度穿梭于宇宙空间。它们在与地球大气层相互作用时产生次级粒子，可以被地面或高空探测器捕获。研究宇宙射线帮助我们了解宇宙中的极端环境，如超新星爆炸和活动星系核，这些环境中的高能过程无法仅通过光来完全理解。

早期的意外发现

宇宙射线的故事始于 20 世纪初。1912 年，维克多·弗朗兹·黑塞在热气球实验中意外发现了宇宙射线。当时，他正在探究地球辐射的来源。随着气球升高，他注意到辐射水平不是下降，而是意外地上升。这表明，这种辐射来自更高、更遥远的空间，而不是地球。

探索与确认

随后的几十年中，科学家们通过地面实验和高空气球实验进一步研究了这种神秘的辐射。他们发现这些高能粒子实际上是从太空中飞来的，而且具有极强的穿透性。这些发现挑战了当时对宇宙和粒子物理的理解。

宇宙加速器的证据

20 世纪中叶，随着探测技术的进步，科学家开始理解宇宙射线的真正来源。他们认识到，这些粒子不仅仅是太阳的产物，还来自整个银河系甚至更远的宇宙。超新星爆炸和活动星系核被认为是这些粒子的主要来源，它们就像宇宙的巨大加速器，将粒子加速到接近光速。

窥探宇宙的极端环境

通过对宇宙射线的研究，科学家们能够探索那些对光学望远镜来说太遥远或太暗淡的宇宙区域。例如，超新星爆炸产生的宇宙射线为我们揭示了星系间物质的性质和宇宙磁场的结构。

不仅仅是在天文学上，宇宙射线在粒子物理学领域也有重要影响。它们促进了人们对基本粒子的认识，甚至促使了新粒子的发现，如 μ 子和 π 介子，这些发现对标准模型的建立至关重要。

3. 中微子：幽灵般的宇宙信使

中微子是极其微小的粒子，它们几乎不与物质相互作用，因此被称为"幽灵粒子"。中微子可以在核反应中产生，如太阳和其他恒星内部的核聚变，以及超新星爆炸。由于它们几乎不被阻挡，中微子携带着直接从它们的源头发出的信息，为我们提供了关于太阳和宇宙深处的独特视角。

神秘粒子的预言

中微子最初是在 20 世纪 30 年代由物理学家沃尔夫冈·泡利提出的，用以解释在 β 衰变过程中能量和动量守恒的问题。泡利当时甚至怀疑这个由他假想出来的粒子是否会被发现，因为它实在太过难以捕捉。

首次探测

中微子的存在直到 1956 年才被实验证实。克莱德·科万和弗雷德里克·莱因斯领导的实验团队将核反应堆作为中微子源，成功探测到了中微子。这一发现是物理学界的一大突破，证明了这种"幽灵粒子"不仅存在，而且可以被捕捉和研究。

研究的深入

随着探测技术的进步，科学家们开始更深入地研究中微子。他们发现，中微子有三种类型，即电子中微子、μ 中微子和 τ 中微子，它们可以相互转化，这种现象被称为中微子振荡。这一发现对了解宇宙的基本规律具有重要意义。

太阳中微子问题

在探索中微子的过程中，起初科学家们发现太阳产生的中微子数量比理论预测的要少。这一现象最终通过中微子振荡理论得到了解释，揭示了中微子的另一种神秘特性。

中微子为我们提供了一个独特的视角，能够探测到其他方法难以触及的宇宙现象。例如，它们能从太阳的核心直接传送信息，让我们了解恒星内部的情况。此外，来自超新星爆炸的中微子也为我们揭示了恒星死亡的秘密。

4. 引力波：宇宙最隐秘的信使

引力波是由加速运动的大质量致密天体（如黑洞或中子星的合并）产生的空间时间弯曲波动。这些波动以光速传播，可以携带关于它们源头的详细信息。引力波的直接探测是在 21 世纪实现的，标志着天文学的一个新时代到来。通过引力波，科学家可以探索到以前无法通过电磁辐射观测到的天体和现象。

图 5-6　小球落到正在加速的火箭的地板上（左）和落到地球上（右），处在其中的观察者会认为这两种情形下小球的运动轨迹没有什么区别

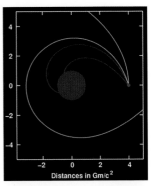

图 5-7　万有引力使行星按照自身的轨道围绕太阳运转

图 5-8　从光源（图中蓝点表示）发射出的光线在途经一个致密星体（图中灰色区域表示）时发生的光线偏折

Distances in Gm/c²

二、引力波——一个预言的诞生

1. 爱因斯坦和他的宇宙秘密

首先，让我们从牛顿的经典力学和万有引力定律说起。在 17 世纪，牛顿提出了一种划时代的理论：所有物体之间都存在着一种相互吸引的力量，即万有引力。这种力量的强度取决于两个物体的质量和它们之间的距离。牛顿的万有引力定律成功解释了行星运动的很多特性，它在接下来的几个世纪内成为描述引力现象的标准模型。

然而，随着科学的发展，一些观测现象开始出现，这些现象无法通过牛顿的理论完全解释。比如，光线在重力场中的弯曲。传统的牛顿理论认为，光线是直线传播的，不会受到重力的影响。但是，爱因斯坦的理论预测，光线在通过强大的重力场（如太阳附近）时会发生弯曲。这个预测在 1919 年

图 5-9 亚瑟·斯坦利·爱丁顿爵士

图 5-10 爱丁顿拍摄的1919 年日全食时太阳附近的星星位置。根据广义相对论，太阳的重引力会使光线弯曲，太阳附近的星星视位置会变化。爱丁顿的观测证实了爱因斯坦的理论

的日全食观测中得到了证实，当时天文学家观察到了星光经过太阳附近时的弯曲现象。

在 20 世纪初，爱因斯坦提出了一种全新的理论：广义相对论。广义相对论是一个关于引力和时空结构的理论。爱因斯坦认为，引力不是物体之间的神秘力量，而是由物体质量对空间时间造成的弯曲所引起的。在这个视角下，行星绕着太阳旋转，就像球在弯曲的桌布上沿着凹陷滚动一样。

在广义相对论中，引力被视为质量大的物体（如星球、恒星甚至是整个星系）改变了其周围空间时间的几何形状。一个粒子的运动轨迹，被描述为在这个弯曲空间时间中最自然、无须非引力干预的路径，也就是所谓的"测地线"。

最为重要的是，爱因斯坦在广义相对论中预测了引力波的存在。爱因斯坦描绘了一个充满动态弯曲的空间时间画卷，他认为当大质量致密天体加速运动时，比如黑洞或中子星碰撞，将会在时空中产生波纹，就像扔石子入池塘产生的涟漪。

爱因斯坦广义相对论所描述的引力，是时空弯曲所产生的一种现象。质量可以导致这种

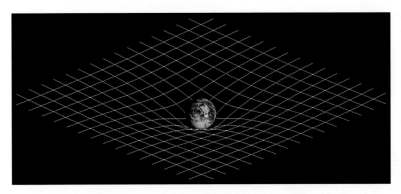

图 5-11　地球的质量使得空间发生了弯折

弯曲，质量越大所造成的时空弯曲也越大。当物质在时空中运动时，时空的弯曲也会跟着移动、传播。这些有加速度的物体运动时所产生的时空弯曲变化会以光速像波一样向外传播。这一传播现象就是引力波的表现形式。

由于引力波与物质彼此之间的相互作用非常微弱，引力波很不容易被传播途中的物质所改变，因此引力波是优良的信息载体，使人类能够观测从宇宙深处传来的宝贵信息。引力波天文学是观测天文学的一个新兴分支。天文学家可以利用引力波观测到黑洞的碰撞、超新星的爆炸核心，或者大爆炸的最初时刻等神秘剧烈爆发现象，利用电磁波是不足以观测到这些重要天文事件的。

2. 漫长的探寻

尽管理论上预言了引力波的存在，爱因斯坦最初对于是否真的能探测到这种波动持怀疑态度，因为他认为它们可能过于微弱而无法被当前的科技捕捉。

爱因斯坦广义相对论预言引力波

1916 年，阿尔伯特·爱因斯坦在他的广义相对论中，预言了引力波的存在。

1969 年

物理学家约瑟夫·韦伯构建了第一个引力波探测器——铝质共振质量探测器，但未能成功探测到引力波。

20 世纪 90 年代

美国启动了激光干涉引力波天文台（LIGO）项目，目的是直接探测引力波。

1916

1980

1990

1950 年—1960 年

理论和技术初步探索：科学家开始理论上探索引力波的性质，并尝试构思可能的探测方法。

间接证据：1974 年，拉塞尔·赫尔斯和约瑟夫·泰勒发现赫尔斯－泰勒脉冲双星，这也使得两位物理学家在 1993 年获得诺贝尔物理学奖。

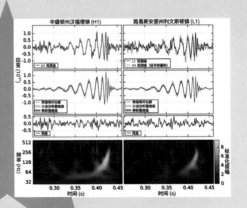

2015 年 9 月 14 日

历史性的发现：LIGO 首次直接探测到引力波，源自两个黑洞并合的事件。这一发现后来在 2016 年 2 月被正式宣布。该事件称为

GW150914

2020 年 —

继续探测到更多的引力波事件，进一步增强了对宇宙极端现象的理解。

2000　　　　　**2015**　　　　　**2020**

2017 年诺贝尔物理学奖雷纳·韦斯、基普·索恩和巴里·巴里什因对 LIGO 探测器和引力波探测的贡献被授予诺贝尔物理学奖。

2017 年 8 月 17 日

中子星并合观测：LIGO 和 Virgo 探测器联合探测到了两颗中子星合并产生的引力波，这是首次观测到非黑洞碰撞产生的引力波。

3.历史性的发现

2015 年，一个历史性的时刻终于到来。激光干涉引力波天文台（LIGO）首次直接探测到了引力波，这些波来自两个黑洞并合的事件。

LIGO 利用了两个巨大的 L 型激光干涉仪，它们分别位于美国的华盛顿州和路易斯安那州。这些仪器能够极其精确地测量两条臂长之间的微小变化，这种变化可能是由穿过地球探测器的引力波引起的。LIGO 的设计使其能够探测到由遥远宇宙中剧烈天体事件引发的微小时空弯曲。

图 5-12 LIGO 位于华盛顿州汉福德的探测器

图 5-13 LIGO 位于路易斯安那州利文斯顿的探测器

依据信号的幅值，该现象发生在与地球的距离约 13 亿光年的位置，是由两个质量分别为 36^{+5}_{-4} 倍太阳质量和 29^{+4}_{-4} 倍太阳质量的黑洞并合放出的，而并合后黑洞的质量为太阳的 62^{+4}_{-4} 倍。其间减少的太阳质量的能量以引力波形式释出，符合质能等价。引力波辐射的峰值功率是可观测宇宙所有可见光源功率总和的 10 倍以上。

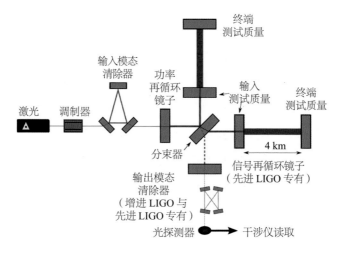

图 5-14　LIGO 的简易布置图

4. 新的宇宙视角

引力波的发现开启了天文学的新纪元。与传统的电磁波观测不同，引力波提供了一种全新的方式来探索宇宙。通过它们，科学家可以探测到那些不发光致密天体的内部信息，如黑洞或中子星，揭示宇宙中最极端和最神秘的现象。

"超重的"恒星质量黑洞

地面激光干涉仪引力波探测器已经进入常规观测阶段，到目前为止，已经观测到上百例双黑洞并合事件。这些黑洞与传统电磁波手段观测到的黑洞相比，明显有一些是"超重"的，有的黑洞质量甚至是太阳质量的 100 多倍。质量如此大的恒星量级黑洞在之前从来没有出现在人类的探测记录中。这些引力波波源黑洞为什么比电磁波波源的黑洞质量大？这是一个正在探索的科学问题。

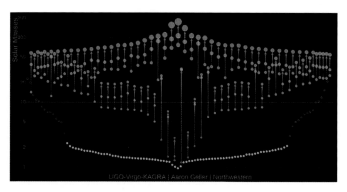

图 5-15　黑洞质量（蓝色为引力波黑洞，红色为电磁波黑洞）

宇宙中元素的起源

引力波的探测不仅是一次对时空弯曲理论的壮丽证明，更深刻地，它揭开了宇宙中元素起源的神秘面纱，特别是那些比铁更重的元素。在中子星这些密度极高的奇异天体碰撞并合的过程中，它们不仅产生了能量巨大的引力波，还触发了一系列核反应，铸造了宇宙中的黄金、铂等重元素。

当这些中子星在宇宙深处相遇并并合时，它们释放的巨量中子，以快速中子俘获过程（r-process）的方式，成为新元素的一部分。2017 年，科学家们首次同时捕获到中子星合并引发的引力波和伽马射线暴，这不仅直接证实了中子星合并的过程，而且还为我们提供了探索宇宙中重元素起源的新线索。

在这场宇宙的化学剧中，原始核合成解释了轻元素的诞生，而引力波 - 电磁波多信使探测揭示了重元素的另一个诞生场景。这些观测结果为我们理解宇宙中化学元素演化提供了全新视角，填补了我们对恒星如何制造元素这一问题的认识空白。在引力波天文学的光辉下，我们不仅看到了时空的波纹，还看到了宇宙元素周期表的更完整图景，它讲述了一个宇宙深处、恒星之外元素如何诞生的故事。

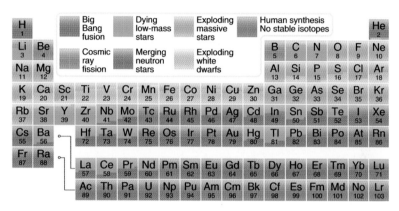

图 5-16　图中紫色标记的元素在理论上被认为是中子星碰撞产生的

三、冒险的续章——天文学的新时代

伴随着未来引力波探测器的升级，我们将获得更精确的引力波波形，发现宇宙更深处的引力波波源。这会加深我们对引力波性质的了解，比如引力波的速度。

引力波的速度

作为研究引力的先驱牛顿，他认为引力是一种超距作用，这种作用不管距离有多远，引力都可以瞬间到达，对物体产生影响。引力就像一根无形的线，牵动着宇宙中的所有物体。比如在太阳系中，太阳就像一个链球手，拉着地球做圆周运动，一旦太阳松手，地球便会瞬间被甩出去。但是，正如前文所提到的，爱因斯坦不同意这种说法，他认为引力是有质量的物体对时空的弯曲，当物体加速运动时，这种弯曲的变化所产生的引力波不应该瞬间抵达宇宙的边缘，根据广义相对论，它的传播速度应该与光速相同。

那么，引力波的传播速度到底是多少呢？这困扰了人类上百年的问题，在我们真正探测到引力波的这一刻迎来曙光。

利用引力波到达多个探测器的时间差

引力波速度的测量依赖于多个引力波探测器同时记录到相同事件的能力。通过测量波在不同探测器间到达的时间差，可以计算出其传播速度。

比较引力波、电磁波的速度

在某些情况下，如中子星合并，引力波事件可能伴随着电磁波（例如伽马射线暴或可见光）的释放。如果电磁波和引力波同时发射、同路径传播，通过直接比较电磁波和引力波到达地球的时间差，我们就可以判断二者的速度。问题是我们不知道电磁波和引力波是否同时发射。最近科学工作者借助爱因斯坦引力的另一个应用实例——强引力透镜系统——提出了新的比较引力波、电磁波速度的方案。具体地说，就是宇宙中类似星系这么大质量的物体，让时空足够弯曲，使得经过它的信号如同经过了一个透镜，产生了多条路径。只要对比引力波、电磁波分别经过两条路径的时间差是否一致，就可以推测引力波、电磁波的速度是否一致。

到目前为止，广义相对论的预言在误差范围内都完全正确。科学是无止境的，引力波毫无疑问可以帮助科学家探究爱因斯坦的广义相对论的适用性边界。

例如从时空的本质层面来说，引力波是时空扰动的传播，天然地携带了波源处极端引力场的结构信息。通过分析黑洞振动发出的引力波波形，我

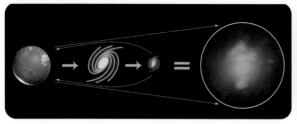

图 5-17　引力透镜示意图

们可以明确黑洞周围的结构，更精确地检验广义相对论的预言，甚至发现黑洞周围可能存在的奇异物质。

从宇宙尺度来说，更遥远的引力波波源提供了我们探究更年轻宇宙的探针，这些波源在宇宙中的分布，呈现了宇宙的结构。这个宇宙结构是否和电磁波波源呈现的结构一致，是检验爱因斯坦广义相对论的又一个工具。说不定我们还可能发现让爱因斯坦也惊讶的高维宇宙呢。更令人激动的是，宇宙诞生时的扰动产生的引力波会告诉我们万物是如何开端的。

引力波，这一人类刚刚接收到的天外来音，正精彩地描述着宇宙中的故事。随着科学技术的不断进步，未来我们将能更好地解码天外来音，更深入地理解物质的组成，时空的本质，宇宙的起源、结构和演化，探索那些仍然隐藏在宇宙深处的奥秘。

图 5-18　荷兰莱顿布尔哈夫博物馆墙上的爱因斯坦公式

在探索浩瀚宇宙的旅程中，我们已经从仰望星空的好奇者，成长为揭开宇宙奥秘的探索者。每一次望远镜的窥探，每一次新理论的提出，乃至每一次引力波的探测，都是人类智慧的闪光，是对未知的勇敢追问。我们站在巨人的肩膀上，不仅继承了先人的智慧，也承载着未来科学的希望。

对正处于青少年时期的你们，拥有最宝贵的资源——时间，以及人生的无限可能性。在这个科技日新月异的时代，你们有机会接触到前所未有的知识和技术。但更重要的是，你们拥有质疑现状、勇于探索的心。这颗心，比任何高精尖的仪器都更为珍贵。正因为有这样一颗心，我们人类才从百年前对宇宙、引力波的有限认识，到如今的实际观测。引力波的探测不仅仅是科学史上的一项伟大成就，它更是对青年人的一种启示——无论是追求科学真理，还是探索个人未来，勇气和坚持都是通往成功的必备品质。正如我们通过引力波窥见了宇宙最遥远、最神秘的角落，你们也能够通过不懈探索，发现自己的无限潜力。

今天的科学界已经为你们铺设了一条探索宇宙的康庄大道。从对宇宙的好奇到对科学的热爱，每一步都充满了挑战与机遇。你们要保持好奇心，勇于提问，不断学习，更重要

的是，敢于做一个有梦想的人。无论梦想多么遥远，只要勇往直前，终有实现的一天。

　　未来属于你们——这一代准备好用自己的智慧和勇气，探索未知、解答宇宙之谜的青年人。让我们一起，迎接科学探索的新时代，开启人类对宇宙深处更多奥秘的认知之旅。

$$G\mu\nu + \Lambda g\mu\nu = kT\mu\nu$$

扫码观看本讲视频

穿越量子时光

——趣说量子科技

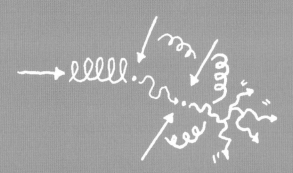

量子科技，改变世界

冯芒，中国科学院精密测量科学与技术创新研究院二级研究员、教授、博士生导师。曾参与欧洲量子计算的研究项目，长期从事囚禁离子体系的量子信息方面的研究，多次主持国家重要科研项目，致力于量子精密测量的基础性研究和量子技术的应用、量子热力学、超冷离子体系的量子计算理论与技术等。荣获中国科学院"领雁银奖"。他从事量子物理的研究工作不仅要揭示微观世界里的量子现象，还要在宏观世界里操控微观粒子的量子性质，让这些量子性质为人类服务。

　　"量子"一词来源于拉丁文，是一份份、离散、非连续的意思。在物理学中，量子一词更多的是用来表达量子世界特有的纠缠性、相干性。在我们生活的宏观世界里，只有在特殊条件下才能观测到。

　　在过去的 20 年里，我和我的同事、学生一起搭建了"离子阱"物理装置，它能够把带电的原子稳稳地束缚在真空的状态下，通过激光的精准照射，来操控原子的量子特性。我们团队是国内最早开展量子技术探索的专业技术团队之一，我们的研究是做出精确测量和运算更加快捷的量子计算机。人类正走向量子时代，量子技术是未来工业的核心技术，是国家实力的象征。希望有更多的年轻学子，加入量子科技的行列。

"量子"一词曾是高深的专业术语，通常只为学过量子力学的人所知。但随着媒体对"量子计算机"和"量子通信"的广泛报道，量子已成为公众熟知的词语。量子理论的复杂性使其对非专业人士而言充满神秘，常在日常交谈和浅尝辄止的阅读中象征高科技和难以解释的力量。然而，一些网络和其他媒体文章未能正确解释量子概念，反而赋予其科幻或神秘色彩，如将量子纠缠与心灵感应或灵魂联系等混淆。更有商家误导，宣称量子是新发现的神奇粒子，销售所谓具备多种功能的昂贵"量子产品"，如量子鞋垫和量子眼镜，引发市场上的量子热潮。

量子力学自 1900 年诞生以来，极大地推动了 20 世纪科技文明的发展。量子理论的应用在激光、光通信、半导体及核能等领域具有重要影响，被视为历史上最成功的理论之一。尽管量子力学已超过百年历史，我们对量子世界的理解仍相对有限，主要知其特性而不知其本质，这个阶段被称为量子力学的"第一次革命"。

量子力学与信息学的融合开辟了对量子功能理解的新途径，催生了充满活力的量子信息科技，标志着人类社会进入量子时代，这被誉为量子力学的"第二次革命"。科学家们正在使用人造量子器件，这些器件严格基于量子力学原理，以量子比特为基本单位，所形成的量子产品在功能上大大超越传统产品。例如，量子计算机，其计算速度和处理特定问题的能力远超现有超级计算机。这意味着，在未来我们不仅能更深入地掌握量子世界的本质，还可能把量子技术应用到日常生活中。

本讲通过轻松有趣的故事和比喻介绍量子世界的基本特性及可能的宏观应用，旨在展示量子技术可能带来的新功能。鉴于量子现象在自然条件下难以体验，这些奇异的量子特性往往令人难以理解。因此，本讲旨在用易懂的方式解释量子科技，激发青少年对科学研究的热情，并让他们对未来充满期待。

一、幽深神秘的量子世界

1. 什么是"量子"？

虽然"量子"这个词现已广为人知，但真正理解其含义的人仍然不多。多数人中止物理学的学习于高中，且中学课程未覆盖"量子"概念，导致许多人误将"量子"视为一种新发现的粒子。这种误解是人们相信某些所谓含有"量子"的高科技产品具有非凡功能的主要原因。"量子"源自拉丁词"quantus"，意为"一份份的、离散的、非连续的"。物理学中的"量子"指的是微观世界的独特属性——量子性质，这种性质表现为事物的分离特性。因此，"量子"通常被认为是物质的最小单位，例如将光视为由多个光子组成，每个光子即为一个"光量子"。在宏观世界中，自然条件下我们无法直接体验到量子性质。

2. 量子世界在哪里？

在学术领域，量子的定义与其在生活中的普及应用有很大区别。量子的起源和含义更深远，是用于描述微观粒子行为的概念。因此，将量子仅仅视为某些产品的卖点可能是对这一科学概念的误解。正如光子是光的基本单位一样，量子是微观世界中描述物质和能量交互的基本单位。量子世界就是我们通常理解的微观世界，微观世界中的自然规律可以由量子力学来理解，因此被称为量子世界。

图中的红线勾勒出微观世界与宏观世界的分界线，大致位于几十到几百个原子的尺度，我们的肉眼难以直接观察到这一尺度的物质。为什么说这条红线大致划分了两个世界呢？这牵涉一种量子性质，后文将详细介绍。图 6-1 中红线以上是可见光波长（300~800 nm）、尘埃（1~10 mm）、人和动物（1~1000 cm）、山体（几百米~9000 m）。这些是我们日常生活中能感受到的尺度。再大的物体，如地球和宇宙的大小，我们需要借助科学仪器才能整体感知。科学界通常将这些存在于宏观世界的物体及其运动行为称为经典世界，因其遵循牛顿力学等经典物理学规律。这些规律在 100 多年前已为人类所熟知，大部分内容也写入了中小学的教科书中。

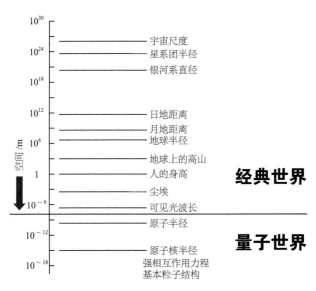

图 6-1 我们生活的这个世界分为不同尺度

红线以下是分子（几百纳米）、原子（1埃米~几十纳米）、原子核（小于10^{-15} m）、电子（小于10^{-16} m）……我们不停地将物质分解为微粒，最终可以达到夸克的大小。现代科学还没有发现比夸克更小的粒子。因此，最小的一份物质尺寸为10^{-18} m大小。由此我们可以理解，我们生活的世界本质上

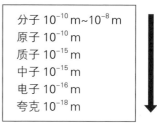

分子 10^{-10} m~10^{-8} m
原子 10^{-10} m
质子 10^{-15} m
中子 10^{-15} m
电子 10^{-16} m
夸克 10^{-18} m

图 6-2　微观世界的尺度

是"量子"的，因为物质与能量都不是连续变化的。从分子到电子，这些是我们日常生活中无法直接感知的物质，但在中学教材中都能学到相关内容。更小的基本粒子，如中微子和夸克，是物理学专业人士才能理解的概念，而且这些基本粒子的性质尚未完全为人类所掌握。探索这些未知的性质需要极为系统专业的知识和庞大的科学装置。这些对于非专业人士而言，通常难以涉猎，更谈不上理解。微观世界以下的尺度需要量子力学来解释，因此科学界通常将其称为量子世界。量子力学是物理学专业的一门课程，非物理专业人士很少有机会接触，而且中小学的教科书中也未包含相关知识，因此绝大多数人无法了解量子世界的基本特征，更不用说理解其全貌。

实际上，即使对于专业人士，量子世界的许多问题仍未完全理解。从事量子研究的科学家们至今仍在争论量子理论中的某些概念、观念和结论。例如，为什么微观世界会具有量子性质？微观世界过渡到宏观世界时，为什么物质的性质会突然变化？在宏观世界，物体的运动可以由牛顿定律来描述，但在微观世界，物体的运动需要用一个与牛顿运动方程截然不同的海森堡方程来描绘。因此，即使图像上看着相似的两种运动形式在宏观世界和微观世界也会有完全不同的描述。此外，宏观世界和微观世界之间的这种变化是连

图6-3 太阳系的星球运动与原子体系电子绕原子核运动的图像非常相似

续的渐变还是突如其来的突变？这些问题目前尚未完全解决。这些科学上的争议不仅涉及人类对自身生活世界需求的全面认识，也关系到人类对技术创新的追求。前者将推动量子科学的发展，后者将为人类带来量子技术。

3. 如何理解量子性质？

现代量子理论中，量子性质所包含的内容已经远远超出了"一份份的、离散的、非连续的"意思，几乎所有不同于宏观世界的性质都可以被称为量子性质。

下面介绍几个经常提到的量子性质。

非定域性

在经典世界中，每个物体都具有固定的位置。然而，在量子世界中，每个物体却没有明确定义的位置，而只有一个分布。用物理学专业术语来说，量子物体只是一个波包，其位置满足一定的空间分布概率。这一性质被称为"非定域性"。

为了更好地理解这一概念，我们可以打个比方，以一个名叫小明的男孩为例。设想小明生活在量子世界，正在教室里上课。要准确描述小明在量子世界中的位置，我们可以这样说：小明有50%的概率坐在教室里，有20%的概率在教学楼的走廊里，有20%的概率在学校的操场上，还有10%的概率在校园外。换句话说，量子世界的小明实际上可以同时存在于不同的地点。

尽管我们并非真正生活在量子世界，但这种描述仍然令人难以接受。这种非定域性也在后文将介绍的纠缠性中得到体现，而这一概念曾受到物理大

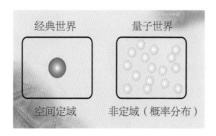

图6-4　经典世界中可以用一个点来代表一个物体的空间位置；但在量子世界中一个物体的空间位置需要用许多个点，按照一个概率分布来描述

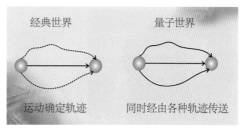

图6-5　经典世界中某个物体真实完成的移动路线只会是一条；但量子世界中物体的移动路线永远是多条，按照一定的概率同时存在

师爱因斯坦的强烈反对。爱因斯坦与当时的另一位物理大师玻尔之间的争论成为 20 世纪物理学史上影响深远的事件，双方的观点直至今日仍然被人们反复讨论。

叠加性

既然在量子世界中，每个物体都不再具有明确的固定位置点，而是呈现一种分布状态，描述一个量子物体的运动就需要采用更为复杂的方式。我们可以再次以小明为例来进行理解。假设小明要从量子世界的一个地方移动到另一个地方，由于他自身位置存在不同地点的分布，因此他的运动路径必然是多条。这一性质被称为"叠加性"。

这种叠加性是独特存在于量子世界中的，与我们在经典世界中熟知的概念有所不同。例如，在我们的日常生活中，若要从地点 A 到地点 B，我们在出发前可能会有多种交通工具供选择，比如高铁、飞机或自驾汽车等。这些选择代表了出行前的多种可能性。然而，在现实旅行中，我们只能选择其中一种方式，而不能同时采用多种方式。然而，在量子世界中，小明的真实旅

图 6-6　爱因斯坦与玻尔的争论
爱因斯坦说："我无论如何也坚信上帝不会掷骰子"。
玻尔说："爱因斯坦，请不要再说上帝将要做什么"。
爱因斯坦和玻尔都是唯物论者，所以他们这里说的"上帝"并非基督教中的上帝，而是对"大自然"的比喻

行却包含多种方式，甚至几种运动轨迹可以同时存在。

在 20 世纪初，这种叠加性曾经让物理学家感到困扰。当时两位著名的物理学家爱因斯坦与玻尔就这一问题进行过争论。爱因斯坦认为，世界应当遵循一种确定性的规律，而概率不应该成为力学过程最终描述的一部分。因此，他反对量子力学中关于物体状态叠加性的表述。然而，玻尔却认为叠加性准确地反映了微观世界的特性。这场争论揭示了微观世界与宏观世界之间的重大差异，也引发了科学家们对客观世界和人的意识之间关系的深刻哲学思考。

在此背景下，奥地利著名的量子物理学家薛定谔提出了一个思想实验，即"薛定谔猫佯谬"。他设计了一只具有量子特性的猫，以展现量子世界的奇异之处。如下图所示，一个密封的盒子内有一只量子猫和一个放射性原子，该原子有 50% 的概率发生衰变。如果原子衰变，计数器将触发锤子落下，砸碎毒药瓶，导致猫死亡；如果原子不衰变，药瓶将保持完好，猫则存活。在原子衰变周期内，这只量子猫到底是死是活呢？

图 6-7　薛定谔的猫

根据概率，量子猫有 50% 的概率死亡，也有 50% 的概率存活，这形成了一种半死半活的状态。用专业术语描述，密封盒子内的量子猫是处于死和活的叠加状态。一旦我们打开盒子观察，就能得知猫的状态是死还是活，这是因为观测的介入打破了量子的叠加态。

长时间以来，薛定谔提出的这只量子猫引发了激烈的辩论，甚至导致物理学和哲学领域对于客观世界与人的意识之间决定因素的争论。如果人的观测能够决定猫的生死，那么人的意识是否也会影响客观世界的发展方向呢？

图 6-8　AI 眼中经典世界与量子世界的分界

遇见科学：讲给青少年的物理公开课

更专业地说，量子态的叠加性质源于微观物质的波动性。因此，物理学家使用波函数来描述微观体系的状态，这个状态是由一系列波的叠加所构成的。这种量子的叠加性与经典波的叠加性有着本质上的不同。在经典世界中，机械波的叠加是不同振动方式的叠加；而在量子世界中，波函数的叠加是不同概率分布的叠加，其本质是对微观粒子空间分布不确定性的描述。虽然这种叠加性听起来较为复杂，但在量子技术的应用中，它为人们带来了一些新的潜在应用，包括后文将提到的量子计算机的快速运算和量子通信的安全信息。

纠缠性

根据物理学的定义，前述的叠加态仅为单一量子态。对于由多个物体组成的量子体系，它们的状态可以是多个单一量子态的简单相乘，被称为"直积"；或者它们的量子态可能相互缠绕在一起，无法表示为任何子系统的简单相乘形式，这便是量子纠缠态。因此，量子纠缠态指的是由两个或更多微观粒子构成的复合体系的状态，而对其中任何子系统的测量都无法得到与其他子系统独立的测量参数。这一现象源于各个子系统之间的量子关联，而这种关联与各子系统之间的距离无关。

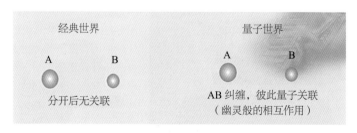

图 6-9　经典世界的关联与量子世界的纠缠是不一样的

再以小明为例进行理解。想象一下小明正坐在椅子上专心看书，然后突然有人抽走了椅子，小明便会摔到地上。然而，如果小明站起来后，再抽走椅子，显然对小明不会有任何影响。在我们熟悉的宏观世界中，只有在存在相互作用时，两者才会互相影响。但如果这一系列事件发生在微观世界，只要小明曾在椅子上坐过，他与椅子之间就会产生一种持久的关联。无论小明今后身在何处，即使距离椅子很远，只要我们移动椅子，小明仍会跌坐到地上。这便是量子纠缠，一种仅存在于微观世界中的量子关联现象，在宏观世界中无法找到，并且令人难以理解。因此，爱因斯坦将其形容为一种幽灵般的相互作用。然而，在艺术家的视角下，两个物体的纠缠如同一只彩色哑铃，充满神秘和科幻感。

图 6-10 AI 眼中的纠缠，非常形象地将两个量子物体之间看不见的量子纠缠表现了出来。按照现代物理学的观点，两个物体一旦纠缠了就可以被视为一个整体。它们之间的纠缠关系的确就像这幅图所表现的那样千丝万缕，神秘莫测

尽管量子纠缠的性质有时令人费解，但它却是量子技术中的核心资源，在即将介绍的量子计算、量子通信和量子精密测量中发挥着至关重要的作用。同时，量子纠缠所展现的这种"不受距离远近影响的量子关联"也是量子世界中最奇特的性质之一，直接导致了爱因斯坦和玻尔之间旷日持久的激烈争论。1935 年，基于这些争论，爱因斯坦与同事波多尔斯基和罗森共同提出了 Einstein-Podolsky-Rosen 佯谬，简称 EPR 佯谬。他们主张量子力学的理论不仅与已有的物理学定律不符，而且其自身难以自圆其说。

然而，随后的实验工作一次次证明了叠加态、纠缠态等量子态的真实存在。这些实验证明了量子力学是正确的，也揭示了微观世界的重要基本性质。时至今日，对于量子纠缠的怀疑声早已逐渐消失。然而，对于量子纠缠的研究却持续不断。例如，如何定量地衡量量子纠缠的大小仍是一个待解的问题。虽然我们已经有了对两个量子物体之间纠缠度进行定量判定的定义和方法，但在多于两体的系统中，尚缺乏被广泛认可的定量判定纠缠度的定义和方法。此外，如何有效地制备纠缠态也是近年来备受关注的热门课题，它是量子工程的重要组成部分，也是量子技术走向应用的前提条件。

测量的不确定性

要深入探索量子世界，我们必须进行量子态的观测。然而，由于量子态的奇异性质，量子测量成为一个难以理解的问题。与经典物理中的测量不同，量子测量会对叠加态产生影响。例如，如果对由两个状态叠加而成的量子态进行测量，那么每一种状态都会以一定的概率被测量到。简而言之，量子测量导致了两种特殊现象：原有的量子态不再存在；多次测量同一状态的量子系统可能得到完全不同的结果，而这些结果符合特定的概率分布。量子测量一直是量子力学的核心问题，而当前的主流观点认为测量本身是物理系统的一部分，因此所做的测量会对系统的状态产生干扰。

对于量子体系的测量涉及更为奇特的原理，即海森堡不确定性原理。这一原理由德国物理学家海森堡于 1927 年提出，它阐明了在测量量子体系时的不确定性：一个微观粒子的某些物理量（如位置和动量，或者时间和能量等）不可能同时具有确定的数值，其中一个量越确定，另一个量的不确定度就越大。这一不确定性原理一经提出就引发了巨大的争议，相关的学术和哲学讨论至今仍在继续。爱因斯坦认为，不确定性原理表明量子力学并没有完全描述粒子的量子行为，因此认为量子力学是不正确的。然而，根据海森堡的解释，这种测量的不确定性源自测量造成的干扰（如图）。他并没有否认量子力学中粒子在任意时刻都有明确的位置和动量，只是我们无法通过测量同时知道位置和动量的准确数值。

海森堡不确定性原理是量子力学的一个基本原理，这一事实现在已经没有人质疑。目前争论的焦点之一是这个不确定度到底有多大。我们希望在测量时能够达到这个不确

被电子散射的光子

被反冲的电子

图 6-11　观察一个电子的过程来形象地理解海森堡不确定性原理。但我们观察这个电子时，电子散射一个光子，通过显微镜进入我们的视网膜；与此同时，这个被散射的光子会给电子造成反冲，改变了电子的位置。由此，我们无法准确获得所测电子的位置

定度的下限，以确保量子测量尽可能精准。

退相干性

　　量子特性通常只在微观世界显著存在。在我们熟悉的宏观世界，量子性质变得异常脆弱，很难在日常生活中观察到。唯有在极端条件下，如超高真空、超低温，并通过特殊设计的操作，我们才可能观察到量子特性。因此，量子特性目前还未进入寻常百姓的日常生活，更不用说在普通家庭中展现出神奇的效应了。

　　然而，宏观物体由微观粒子构成，比如人体中的钙、氢、氧等原子。这些原子在微观世界中具有叠加性等量子性质，但一旦形成宏观物体，这些量子性质似乎就不复存在了。为什么呢？答案在于，量子态非常脆弱。实验证明，在超低温下，单个微观粒子上的量子叠加态能够保持几微秒（$1\ \mu s = 10^{-6}\ s$）到几百微秒的时间，但随着粒子数目的增加，这个保持叠加态的时间急剧缩短。当粒子数达到 1000 时，这个时间缩短到不足 1 纳秒（$1\ ns = 10^{-9}\ s$）。因此，对于由数千亿个原子组成的宏观系统，能够保持叠加态的时间几乎为零。科学家认为，导致叠加态消失的原因在于外界的扰动。粒子数目增多，相互之间的干扰加大，叠加态很快消失；温度上升，热涨落效应增强，也导致叠加态迅速消失。因此，在宏观世界要能够保持一个量子特性，需要极为特殊的实验环境，包括超高真空和超低温，这也是目前量子技术难以实用化的主要原因。

　　然而，无论我们如何努力，要想利用量子性质却不能完全避免对量子体系的扰动。因此，科学家们常常面临一种尴尬的境地：如果不观测量子态，我们就无法得知量子态的具体状况；一旦进行观测，量子态就会受到扰动，其量子性质由此消失。

以上介绍的只是微观世界中最基本的几种量子性质。微观世界与我们熟悉的宏观世界完全不同，要全面了解其中的量子性质，需要学习大学本科阶段的"量子力学"和研究生阶段的"高等量子力学"课程，同时还需要掌握更深奥的数学工具和实验技术。对于渴望进入物理学专业学习的年轻朋友们来说，将来一定有机会深入了解更多关于量子物理的知识。

二、震撼人心的量子科技

自 20 世纪以来，基于量子力学原理的发展已带来许多经典器件，如晶体管和激光器，它们成为电脑、手机和互联网等的核心构件，成为人们工作和生活中不可或缺的工具。这些设备主要遵循经典物理规律，它们所展现的功能仅仅是被动地利用了一些量子性质。

然而，随着 21 世纪科技水平的飞速提高，科学家们能够直接开发基于量子特性本身的人工量子器件。这些器件完全遵从量子力学规律，充分利用了叠加性、纠缠性等奇妙的量子特性，成为真正以量子态为基本单元的纯正量子器件。在这些器件上，信息的产生、传输、存储、处理、操控等全部基于量子力学规律，因此，我们将其称为量子信息技术，简称量子技术。

量子技术的根基是量子信息学，这是 20 世纪末量子物理与信息学相结合发展而成的新兴学科。其核心思想是利用微观粒子所具有的叠加性、纠缠性、非局域性等奇异的量子特性，以完成宏观物理体系所无法胜任的任务。例如，一个拥有 71 个量子比特（具有量子特性的逻辑位）的信息容量足以存储人类迄今所积累的所有信息量；而基于纠缠性质的量子通信具备超大的信息容量和绝对安全的保障。

量子信息学的兴起也是电子元器件不断微型化的必然趋势。随着集成电路技术的进步，二极管、三极管等电子元器件的尺寸逐渐缩小。虽然电子设备处理信息的能力日益强大，使用的电子元器件也越来越多，但设备整体尺寸却在不断减小。然而，若将电子元器件的尺寸进一步减小至纳米级别，量子效应将不可避免地显现在器件上。因此，研究和利用这些量子效应已成为时代进步的要求和发展趋势。

目前，量子信息学衍生出三项量子技术，即量子计算、量子通信和量子精密测量，三者既互为依托，又各有千秋。

1. 量子计算

量子计算的直接应用包括研发量子计算机和量子人工智能等颠覆性的未来技术。这一领域需要高度精准地操控成百上千个量子比特，利用量子态的受控演化来实现数据的计算和存储。这项技术的挑战性极大，可谓超越了探月工程的难度。

让我们简要解释一下量子计算机中使用的量子比特与经典计算机中的比特之间的差异。在通信和信息理论中，我们采用的是二进制，每一位都有 0 和 1 两种状态。当我们将十进制数转换为二进制数时，除以 2 的过程涉及基数的概念。举个例子，十进制数 5 可以表示为 2 的 2 次方加上 2 的 0 次方，即 $5=2^2+2^0$。因此，在二进制中，它表示为 101。比特是信息的最小单位，N 比特的信息量可以表现出 2 的 N 次方种选择。要处理更多的信息，就需要更多的比特。而与经典比特不同，量子比特由于具有叠加性，可以同时处于 0 和 1 两种状态的叠加态中。我们用 $|\psi\rangle = \alpha|0\rangle + \beta|1\rangle$ 表示这些叠加态，其中 α 和 β 均为复数，满足 $|\alpha|^2 + |\beta|^2 = 1$。由于 α 和 β 都是连续变化的数，所以

这些叠加态的数目是无穷无尽。因为具有叠加的性质，量子比特所承载的信息容量与比特相比呈指数级增加：N 个量子比特所编码的信息相当于 2^N 个比特所编码的信息。我们以三个量子比特为例：

$$|\psi\rangle = \left(\alpha_1|0\rangle + \beta_1|1\rangle\right) \otimes \left(\alpha_2|0\rangle + \beta_2|1\rangle\right) \otimes \left(\alpha_3|0\rangle + \beta_3|1\rangle\right)$$

$$= \alpha_1\alpha_2\alpha_3|000\rangle + \alpha_1\alpha_2\beta_3|001\rangle + \alpha_1\beta_2\alpha_3|010\rangle + \beta_1\alpha_2\alpha_3|100\rangle$$

$$+ \beta_1\alpha_2\beta_3|101\rangle + \beta_1\beta_2\alpha_3|110\rangle + \alpha_1\beta_2\beta_3|011\rangle + \beta_1\beta_2\beta_3|111\rangle$$

一共有 8 个态处于叠加状态，这相当于 2^3 个比特所编码的信息。按照这种方式算来，45 个量子比特所承载的信息相当于 2^{45} 个比特，也就是大概 4 TB 硬盘的容量！也就是 4000 GB 或者 4000000 MB 的数据量，而一部高清蓝光电影的数据量大概是 10 GB，一本书只有 5 MB 的数据量。在量子计算机运行过程中，这些处于叠加态上的信息是同时被操控的，因此，量子计算机的运算算力随着量子比特数目的增加呈指数级增长。

目前，最有望成为量子计算机候选者的是超导体系和离子阱体系。它们的纠缠量子比特已经超过了 50 个，拥有相对成熟的技术和稳定的研究团队。最新研究结果表明，在执行相同的量子任务时，离子阱量子计算机的运算速度略慢于超导型量子计算机，但在准确性方面，离子阱量子计算机却胜出。值得注意的是，目前备受瞩目的大公司，如 IBM、谷歌等，更看好超导体系的量子计算，而投资离子阱量子计算的大公司中，以霍尼韦尔（Honeywell）公司较为知名。

这其中的主要原因在于超导体系更接近于固体体系，更符合目前半导体电子计算机的技术特征，相对来说更容易实现工业化。然而，近年来离子阱系统的持续发展已经取得了小型化的成果，产生了芯片型的离子阱。这

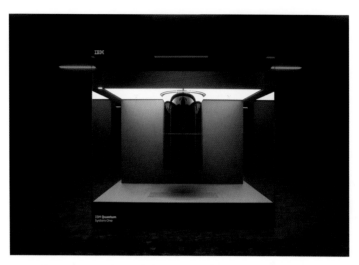

图 6-12　具有 20 个超导量子比特的 IBM 量子计算机

种芯片离子阱的构造主体采用硅或二氧化铝材料，通过微型电极操控离子的位置，利用光纤控制激光操控离子的自旋，与固体体系的情形非常相似。此外，与超导体系相比，离子阱的工作环境更为干净、简单，更适合保持量子相干特性。离子阱中量子比特的操纵和信息读取都基于光学操作，具备准确、灵活的特点，同时工作效率也有极大的提高空间。总体来说，这两种候选体系各具特色，目前难以明确分出胜负，而且对光电技术和量子软件的需求几乎相同。

为了实现量子计算机全面超越经典计算机的功能，必须具备操控至少50 个量子比特的能力。当前的发展趋势表明，基于特定任务和特殊设计，超导体系和离子阱体系可以达到这一要求，但是在这些系统中，量子纠缠仍然面临长时间高保真度存在的挑战。目前的量子计算机原型机主要能够完成基于特定算法的特定任务，而并非通用型的量子计算机。通用型量子计算机仍然面临技术上的挑战，其中包括多量子比特容错和纠错等技术障碍，短期内难以取得重大突破。

近年来，光量子计算机的研制也取得了显著进展。光量子技术在相干时间、室温操作和纠缠操控方面展现出优势。中国科技大学和美国的 PsiQuantum 公司在这一领域处于领先地位。然而，由于光子是飞行比特，不能停留在某个位置，因此对于这种线性光学体系是否最终能够发展成计算机，国际上仍存在不同的观点。此外，各国在量子软件、量子云计算等方面的竞争日趋激烈。

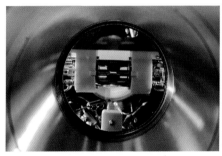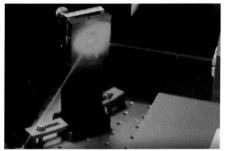

图 6-13　处于真空腔中的离子阱，其电磁场能将离子稳定囚禁在阱中心，在激光的精准照射下读取和处理量子信息

图 6-14　光量子计算机在运行，光子量子比特在飞行中传输信息

2. 量子通信

量子通信正在逐步迈向实际应用，当前主要基于单光子的量子密钥分发（quantum key distribution，QKD）通信。在量子密钥分发中，单个光子作为

载体，通过双方随机测量这些光子，选择共同测量方式，便可生成一组量子密钥。如果有人窃听，收发双方的测量错误将迅速增多，立即引起察觉。因此，成功生成的量子密钥在原理上排除了一切窃听的可能性，用它加密的信息也是不可破译的。

图 6-15（a）为 Alice 和 Bob 之间传送的经典信息被 Eve 在半路上复制，因而窃听成功。图 6-15（b）为 Eve 打算在半路上复制 Alice 和 Bob 之间传送的量子信息，但因为量子信息是编码在量子叠加态上的，Eve 的复制导致量子信息被破坏（相当于薛定谔猫被观测之后不再具有量子特性），因而其窃听行为被暴露。只有在 Eve 窃听不成功时，Bob 才能收到来自 Alice 的信息。

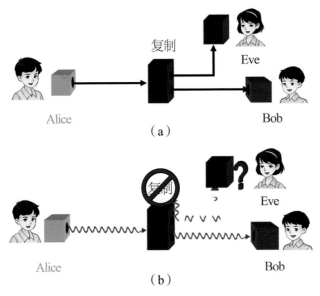

图 6-15　量子通信的安全原理示意图

按照教科书上的定义，量子通信是基于量子叠加态或纠缠态的信息传输方式，可以确保信息不被窃听，实现绝对安全。然而，目前的技术水平下，基于量子叠加态或纠缠态的量子通信信道无法应对日常大量数据传输任务，同时，光子在光纤中的传输损耗极大。因此，光子作为信息载体主要用于传送对称密码系统中的密钥，而通信信息仍然通过经典通道传输，无法实现绝对安全。

要实际应用纠缠态于量子通信，实现真正的绝对安全通信，仍需一些时间。国际上许多研究小组致力于解决远距离量子通信中的基本问题。构建量子信息网络，将量子传输、转换、中继和处理集为一体，是量子通信的远期目标。

3. 量子精密测量

量子精密测量，俗称为量子传感，着眼于测量的精度和灵敏度。根据不同的测量任务，它既可以在单个量子比特上完成，也可以在多个量子比特上执行。相比量子计算机和量子通信，量子精密测量的应用技术相对简单，前景也更加清晰，可能更早实现实际应用。

量子精密测量引入了量子思想，通过新的技术手段探索高精度测量，追求发现新效应，最终达到测量的极限。这是科学和技术发展的必然趋势。例如，国际单位制中的七个基本物理量（长度、时间、质量、热力学温度、电流、

图 6-16　国际千克原器

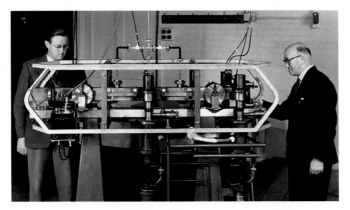

图 6-17　1955 年，路易斯·埃森（右）和杰克·帕里（左）站在世界上第一个铯 –133 原子钟旁边

光强度、物质的量）目前均已实现量子化定义。通过操控原子、光子等基本粒子的特性来定义这些基准，使得任何适当条件的实验室都能获得相应的基准。这标志着实物基准的历史性结束，如国际千克原器的实物基准被摒弃。

　　量子精密测量利用量子系统对某些外部扰动的敏感性或不敏感性，实现对外部扰动的极度精确探测或稳定测量。目前较为成熟的量子精密测量仪器包括原子钟、原子磁力仪和超导量子干涉仪。原子钟和磁力仪利用某些量子态的长寿命和极其稳定的能级跃迁频率进行高精度测量，而干涉仪则通过对扰动敏感的量子叠加态产生的干涉条纹实现高灵敏度的力测量。基于纠缠态的量子精密测量实验证明，人类能够达到测量的极限水平，即"海森堡测量极限"。量子精密测量不仅可用于精确探测磁场、电场、重力和定位导航等实际应用，还可用于研究基础科学问题，如微观尺度的表面形态、摩擦力和能量变化的高精度测量，以及更小尺度上的高精度观测等。

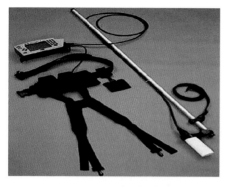

图 6-18 原子磁力仪的实物照片   图 6-19 超导量子干涉仪的实物照片

4. 量子技术的应用场景

量子传感器的应用

传感器是一种检测装置，能感受被测信息并将其按规律转换为电信号或其他所需形式的信息输出，以满足信息传输、处理、存储、显示、记录和控制等需求。发展历史上，传感器已由机电型发展至光机电型。

近年来，随着量子控制研究的深入，对敏感元件的要求不断提高，传感器发展呈微型化和量子化趋势。量子效应将在传感器中发挥重要作用，各种量子传感器将在量子控制和状态检测等领域广泛应用，引领未来测量的发展方向。

微小压力测量

美国国家标准与技术研究所已研制一款量子压力传感器，可有效计数容器内颗粒。该装置通过测量穿过氦气腔和真空腔的激光束产生的拍频来比较两者的压力。此装置可取代笨重的水银压力计，成为新的压力标准，适用于半导体铸造厂的压力传感器校准，或作为高精度飞机高度计。

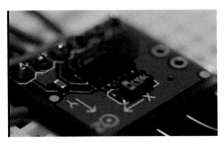 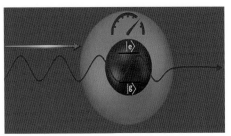

图 6-20 安装在手机中的微型重力传感器，它比传统的重力传感器轻得多。基于 MEMS 的重力仪比这种商用的微型重力传感器的尺寸稍大，但性能上将要优越一百万倍以上

图 6-21 单个原子形成的传感器的工作示意图。原子通过与待测样品反射来的电磁波相互作用，从而精准地感知待测样品的信息

精准重力测量

作为光学测量的补充手段，重力测量能反映某个位置的微小变化，例如老矿井、坑洞和深埋管道。利用量子冷原子开发的引力传感器和量子增强型 MEMS 技术，性能超过传统设备，可用于油矿勘探和水位监测。该技术将使重力场图像绘制成为可能。

MEMS 传感器利用量子光源提高设备精度，可检测更小物体，助力雪崩和地震救援、建筑行业工程规划。此外，量子传感设备可用于地球遥感观测，地下水储量、冰川和冰盖的变化监测。

量子传感器探测无线电频谱

研究人员研制了一款量子传感器，可探测整个 0 到 100 GHz 的无线电频谱。这款小巧传感器难以被其他设备探测，可作为便携通信接收器。相比传统接收器，其体积更小，灵敏度与其他电场传感器相媲美。科学家计划提高其灵敏度，探测更弱信号，拓展探测更复杂波形的应用。

量子传感器的用武之地还不止于此。量子磁性传感器的发展将大幅降低磁脑成像的成本，也有助于该项技术的推广。在导航领域，量子传感器所提供的惯性导航功能为卫星搜索不到的地区提供导航。

医疗健康

量子技术有望改善疑难病症的诊断，如量子磁力仪可诊断早期痴呆症。金刚石的量子传感器可在原子层级上研究活体细胞内的温度和磁场，为乳腺癌的早期检测提供新工具。量子磁力仪可提高心律失常检测效果，有助于临床治疗和手术规划。

交通运输和导航

随着交通运输的发展，对交通工具准确位置和状态的需求增加，对传感器数量提出更高要求。基于冷原子的量子传感器能提供高精度的定位和导航，适用于自动驾驶。其他类型的量子传感器可提高道路评估的精度、扩大机场雷达系统的工作范围。

总之，随着人类操纵单个原子和电子能力的迅速发展，传统技术手段将发生巨大改变。量子传感器不仅精确，而且灵敏，其产业化已近在咫尺。

量子计算机的应用

IBM、谷歌等领先团队早已投身应用场景的研究，量子计算机在国防军事、金融、生物医药、化工材料、人工智能、大数据、智能制造等需要强大算力的领域都展现了巨大潜力。

首先是金融行业，这是许多先进技术涌现的领域。量子计算机在解决加密解密的安全问题、风险管控、优化组合和高频交易等方面都能发挥强大作用。

其次是生物医药行业，这个需要高新技术来解决问题的领域。众多医药企业正在重点部署量子计算机，尤其在计算化学方向展开合作，以加速新药研发和创新。

最后一个关键领域是气象学，气象预测需要超级计算机来迅速准确地处理海量数据。2021年河南郑州的大暴雨事件中，气象计算上的一天偏差导致了100公里的误差，造成了巨大的人员和财产损失。未来，希望量子计算机能够更加精准地预测气象问题，为灾害预警和风险管理提供有力支持。

量子技术在军事上的可能应用

量子技术被寄予厚望，有望彻底改变未来战争的形态和结果。军事专家纷纷探讨"量子战"的概念，研究其在情报、安全和国防领域的潜在应用，探索新的潜力和性能提升。量子技术并非引入全新武器或独立军事系统，而是显著提升了测量、传感、精度、计算效率等方面的军事技术。

首先，引人注目的是量子电子战。采用更小的量子天线、精确计时和先进的射频频谱分析仪可以加强当前电子战的效能。此外，量子授时可提升信号情报和其他需要准确授时的电子战系统的能力，例如反雷达干扰。

其次，量子雷达的潜在应用。量子雷达具备更高的抗噪能力和电子战对抗能力；基于单个光子探测的量子雷达输出信号功率非常低，几乎无法被电子战手段侦测。正在研发的"量子增强雷达"概念，即在经典雷达上配备原子钟或量子钟，展示了高精度和低噪声等性能，具有在检测小型、缓慢移动物体（如无人机）方面的优势。

此外，量子水下战也备受关注。量子技术可增强对潜艇或水雷的磁探测、新型潜艇的惯性导航以及声呐探测的灵敏度。潜艇和其他水下航行器将成为量子惯性导航的先行者。高灵敏度的量子磁力计和重力计可协助描绘海

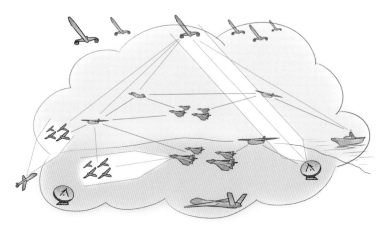

图 6-22　量子技术应用于电子战的示意图

底环境，作为传统声呐设备的有力补充，尤其适用于反潜战。

最后，量子太空战备受瞩目。随着太空在军事中的重要性不断加强，将量子技术应用于太空成为可能。在太空中使用量子重力仪、重力梯度仪或磁力计，特别是在低轨道卫星上，可用于精确制图和评估自然灾害影响。尽管航天技术门槛较高，但在太空中应用量子技术的设备将成为少数大国之间的竞争焦点。

"科学技术是第一生产力"，这一名言经典而至今不衰。我们当前拥有的科学知识和技术手段根源于历史上三次工业革命的奇迹。首次工业革命在18世纪60年代拉开帷幕，以广泛应用蒸汽技术为代表，实现了机械对手工劳动的替代。蒸汽技术的启发源于热力学的深刻发展，物理学家们在实验室中的探索，如奥托热机和卡诺热机，为蒸汽技术提供了科学原理的灵感。

19世纪70年代迎来了第二次工业革命，以电力技术为标志，引领人类步入"电气时代"。这次革命得益于电磁学的蓬勃发展，电话、电报技术、

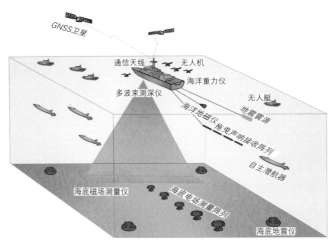

图 6-23　量子技术应用于水下战的示意图

电灯、电力传输等都在电磁学的知识框架下完成和完善。随后，20 世纪 50 年代见证了第三次工业革命，以原子能、电子计算机、空间技术和生物工程为主要标志。这一时期不仅极大地推动了人类社会经济、政治和文化的变革，也深刻改变了当今我们的生活方式和思维方式。伴随着科技的不断进步，人们的衣食住行等发生了翻天覆地的变化。

　　第四次工业革命即将到来，有人将其视为第二次量子革命。它将使数字技术、软件、传感器和纳米技术与通信相结合，同时融合生物、物理和数字技术，彻底改变我们对世界的认知。以量子信息技术为例，中国科学家已在多个领域取得了突破性进展，位居全球领先地位。我们坚信，伴随国家实力的持续增长和对科技研发的不断投入，中国未来将成为量子技术领域的强国。期待更多怀揣理想的年轻学子积极加入量子技术研发的行列，共同书写未来科技的新篇章。

寄语青少年

　　量子现象，特别是叠加态和纠缠态这样的性质，已经彻底颠覆了我们对物理世界的传统认知。这些现象不仅在科学理论中占据重要位置，而且对技术发展具有深远影响。

　　量子世界的神秘和复杂性激发了我们对未知领域的深入探索与热情。人类探索未知，源于我们的好奇心和对知识的渴望，而在这条道路上，只有那些坚定不移、远见卓识、勤于思考、勇于面对挑战的探索者，才能抵达科学的巅峰，领略其绝美的风光和无尽的奥秘。

　　量子科技，作为一个兴起的前沿科技领域，正在逐步改变我们的社会和产业。从量子计算到量子通信，从量子加密到精确的量子测量，这些技术正在推动通信安全、计算速度和科学观测的极限，开启前所未有的可能。量子技术不仅是推动未来工业发展的核心力量，也象征着国家的科技实力和竞争优势。

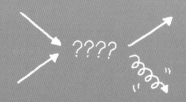

　　量子科技不仅是年轻一代展示才华的舞台，更是他们可以为世界带来变革的领域。我希望那些立志于科学研究和技术革新的年轻人能在量子科技的蓬勃发展中发挥关键作用，放出璀璨的光芒，将自己的名字镌刻在人类文明进步的历史长河中。让我们一起支持这些勇敢的心灵，推动科技前进，共同守护我们的美丽家园，迈向一个由科技驱动的可持续未来。

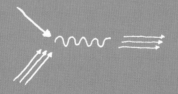

扫码观看本讲视频

析万物之理

——从一个物理演示实验说起

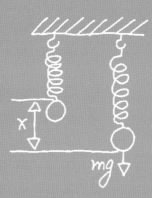

 走近科学家

做实践育人热土的深耕者

　　王晓峰，武汉大学物理科学与技术学院副教授，2008 年博士毕业后留校任教至今。承担公共基础课"大学物理""大学物理实验"和通识课"物理演示实验"的教学工作，指导学生参加多个物理专业学科竞赛并获奖。精益求精、追求卓越，打造精品课堂、高效课堂是他的教学追求。为了"啃"下物理教学趣味性这块"硬骨头"，他从实验入手开展教学。寓教于乐的物理实验、生动有趣的历史故事让学生们的学习热情、科学素养、审辨思维和创新思维全面提升。从基础研究、专业教学到技术实践、人才培养，他始终坚守着传道、授业、解惑的职业使命。

　　物理是一门以实验为基础的学科，实验课不仅要培养学生的实验操作能力，还要培养学生的实验探究能力。同时，物理不仅仅是满纸的符号、公式和运算，它背后也有一些浪漫的故事，讲讲物理学史也是有益的。

　　我一直在思考，怎么让课上的每一位学生都参与课堂、得到充分培养。我常鼓励学生们参加学科竞赛，动手、动脑、动心，可以提高他们发现问题、解决问题的能力。同时，我会将他们在大学本科阶段参加学科竞赛取得的一些创新成果素材化后融入课堂，让每一届学生在自主探索、合作交流中不断发展创新。

说到物理学，大家或许对其概念或研究领域有一些了解。在这里，我们不深入阐述物理学的概念，而是简要介绍"物理学"或"物理"一词的起源。这个名词源自西方，最初属于哲学的一部分。古希腊哲学家亚里士多德用希腊文写作"Φύσις"，指的是自然哲学。亚里士多德的"自然哲学"后来被翻译为拉丁文"physica"，再转译为英文"physics"。而在 1851 年，日本学者川本幸民将英文的"physics"翻译为日文汉字，创造了"物理学"的日文表达。1879 年，日本学者饭盛挺造出版了《物理学》一书；1900 年，王季烈和日本学者藤田丰八将该书翻译为汉字本《物理学》。

虽然中国古代早已出现了"物理"一词，但其涵盖的范围要比现代物理学更广。中国古代的"物理"一词起源于战国时期庄子的"析万物之理"。在 1607 年，徐光启和意大利学者利马窦翻译欧几里得的《几何原本》前六卷时，徐光启在该书的序言中提到了"物理"一词。而在明末清初，方以智创作《物理小识》，包含了历法、医药、器用、金石等多个领域。

一、什么是物理演示实验

物理演示实验作为物理实验的一种，主要以定性和半定量的方式呈现，其现象解释通常无须精确的理论或数值求解。这使得这类实验更容易为公众所接受，因而在科学普及中扮演着不可或缺的角色。以下通过两个例子展示物理演示实验的魅力：

18 世纪的电学风潮

在 18 世纪中期，关于电的各种概念开始形成，各路演讲者设计了引人入胜的演示实验。其中一例为将小男孩悬挂于天花板，起电机通过玻璃球的迅速旋转并与丝织物的摩擦产生电荷的同时使男孩带电，男孩再将电荷传递给一位年轻姑娘。姑娘因电荷的影响能够吸引羽毛或纸屑，有时还会邀请自愿上台的观众亲身体验。观看引人入胜的电学演示成为当时的一种时尚，生动地展示了电的神秘之处。

费曼的 O 形环实验

著名物理学家费曼在挑战者号事故调查委员会中工作时，进行了一项著名的实验，即 O 形环对寒冷敏感性的演示。这个简洁而优美的实验只需一杯冰水和一把 C 形钳，就可展示密封橡胶在被冷冻后失去弹性、难以恢复密封功能的特性。费曼通过这个实验生动地向公众阐释了橡胶在寒冷条件下的行为，获得了清晰而直观的效果。

这两个例子生动地展示了物理演示实验的魅力，它们不仅引发了公众的兴趣，更成为传播科学知识的有力工具。这种生动而实用的展示方式有助于激发公众对科学的兴趣，比复杂的理论更加贴近人心。

二、从一张照片说起

让我们通过一个例子来解开关于照片的光学之谜。在欣赏这张照片时，请思考图片中出现了什么光学现象？

照片中出现了一种称为"星芒"的光

图 7-1　星芒

学现象——太阳周围呈对称分布的发散状光芒。现在，让我们深入探讨这个问题背后的物理原理。

将点光源放置在凸透镜一定距离之外（一倍焦距以外），我们可以在透镜之后的屏幕上得到一个点状像。这是一个简单的几何光学问题，可以使用在线模拟器进行模拟，效果如图7-2。

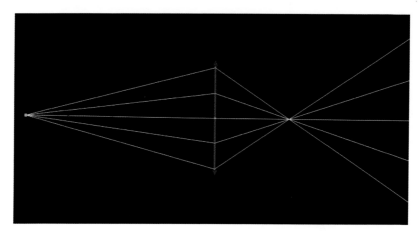

图7-2 几何光学虚拟实验中的理想透镜成像

然而，实际情况并非如此简单，光学元件都是有限尺寸的。点光源通过透镜成像到像点，这是几何光学的解释。波动光学的视角则认为，点光源通过有限尺寸的透镜，其像点不是一个理想的点，而是夫琅禾费衍射图样。

夫琅禾费衍射是什么？让我们先回答波动光学中衍射的问题。我们可以通过类比水波的传播来理解衍射（尽管光波的传播不一定需要介质，而水波则需要弹性介质）。水波传播时遇到障碍物，会绕过障碍物，这就是水波的衍射现象。

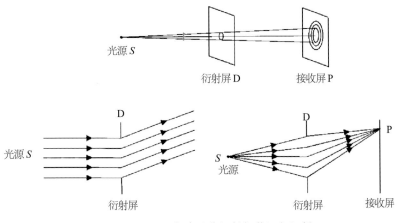

图 7-3 夫琅禾费衍射与菲涅尔衍射

在光学中，我们也观察到类似的现象。为了更好地分析和说明，我们先了解一些定义：发生衍射现象需要光源（S）、衍射屏（D）、接收屏（P）。当衍射屏离光源和接收屏的距离都趋近于无穷大，也就是说光源和接收屏分别位于衍射屏两侧的无限远处时，我们称之为夫琅禾费衍射。当衍射屏离光源和接收屏的距离中的一个（或两个）为有限远时，我们称之为菲涅尔衍射。

通过这种视角，我们将更深入地理解照片中星芒现象的物理本质。这个例子引导我们进入了波动光学的奇妙领域。

在光学的世界中，当光源和接收屏无法放置于无限远处时，我们如何实现夫琅禾费衍射呢？一个巧妙的方法是利用凸透镜。

让我们从一个简单的场景开始。如图 7-4 所示，一个理想的点光源置于凸透镜（L_1）焦点处，发出的光经过凸透镜后变成平行光。这就相当于将光

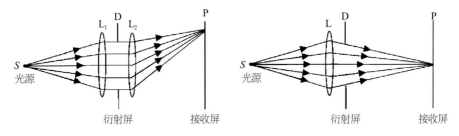

图 7-4　夫琅禾费衍射系统

源置于无穷远处。类似地，如果我们在衍射屏后放置另一个凸透镜（L₂），并将接收屏置于凸透镜焦点处，就相当于将接收屏置于无穷远处。

当我们将光源（S）和凸透镜（L₁）一起移动至衍射屏时，对夫琅禾费衍射的观察结果没有影响。同样，当我们将凸透镜（L₂）和接收屏（P）一起移动，观察结果也保持不变。在极限情况下，将两个凸透镜 L₁ 和 L₂ 合二为一，形成一个凸透镜（L），这就是前文提到的情况：相机镜头中的透镜组可以简化为一个凸透镜（L）。用于控制进光量的光圈，就是这里的衍射屏。也就是说，对焦适当的相机与被拍摄的物体一起构成了夫琅禾费衍射系统。

所以，当我们通过相机镜头观察事物时，实际上是在体验夫琅禾费衍射的奇异现象。而能够清晰看到物体的人眼，同样也是夫琅禾费衍射系统的一部分。然而，如果相机未正确对焦或人眼无法清晰看到物体，那么就会得到另一种衍射——菲涅尔衍射。

在前面提到水波衍射的例子时，并未详细说明水波直线传播和发生明显衍射之间的区别或边界。判别的标准是"波长 / 衍射屏（孔）的特征长度"。可见光的波长位于 400 nm 至 760 nm 之间，因此可见光的衍射较难观测到。

然而，特定条件下使用相机拍摄远处的光源时，有时会出现引人注目的星芒衍射现象。

图 7-5 展示了在 F6.5（相对较大）和 F16（相对较小）光圈下拍摄的星芒现象。不同光圈下，星芒呈现出不同的特征：F6.5 光圈下的星芒边沿锐利，而 F16 光圈下的星芒则呈现出较为发散的形状。这是由于相机光圈结构的影响：光圈通过改变大小来调节进光量，通常的光圈是一种包含多个叶片的复杂机械结构。

理想情况下，光圈应该是圆形的，但要制造出能够连续改变大小的圆形机械结构相当困难。正多边形则是一个很好的替代选择，而光圈的高级程度取决于其包含的叶片数量。为了尽可能地模拟出圆形的效果，光圈的每一条边都不是直线而是弧线，而这种边的形状对衍射结果将产生影响。

通过计算机模拟正三角形和曲边三角形的衍射效果，我们可以观察到正三角形的星芒锐利而清晰，而曲边三角形的衍射效果呈现更为明显的发散形态。这揭示了相机光圈结构对于星芒衍射图案的形成有着重要的影响，为我们解开光学之谜提供了一丝奇妙的线索。

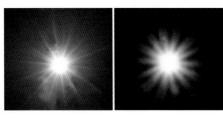 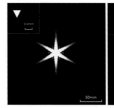 

(a) F6.5 光圈下的   (b) F16 光圈下的   (a) 正三角形孔   (b) 曲边三角形孔
　　"光刺"状星芒 　　　　"光柱"状星芒

图 7-5 　40 m 外路灯的星芒（单反相机拍摄）　图 7-6 　正三角形孔和曲边三角形孔的衍射

图 7-7　镜头光圈

图 7-8　哈勃望远镜拍摄的星芒

从图 7-8 中我们看到星芒的数量是变化的，那么星芒的数量与什么有关呢？这里我们直截了当地给出答案——如果光圈叶片的数量为奇数，则星芒的数量应为光圈叶片数量的两倍；若为偶数，则星芒的数量与光圈叶片数量相同。因此，我们一开始提到的照片所用相机镜头的光圈应该是由 9 片叶片构成的。

有趣的是，人眼有时也能观察到星芒现象。这是因为瞳孔的大小由睫状肌调节，而瞳孔的形状接近多边形。在太空望远镜拍摄的照片中同样会出现星芒现象，原因与此类似——望远镜的镜筒内部存在十字形的支撑结构，而在拍摄过程中发生了十字形衍射屏的夫琅禾费衍射现象。

这个问题的答案不仅揭示了光学中的一些有趣现象，也让我们更加好奇地观察自然界中的光学奇迹。星芒，一个看似简单的视觉效应，背后却蕴含着深奥的物理学原理，让我们在探索光的奇妙世界中找到了更多的乐趣。

接下来介绍一个小的演示实验，读者可以在家里尝试。需要的材料为一支激光笔、一瓶去掉标签的纯净水。激光笔打在墙上，会出现一个光点。激光笔经过纯净水瓶扩束以后会在墙上打出一个光斑，请仔细观察这个光斑，光斑外部有一个轮廓，光斑内部包含大量的小亮点。佩戴眼镜的读者可以将眼镜取下，再仔细观察这个光斑，其轮廓和亮点还能否看清楚？此时光斑轮廓应该看不清楚，但光斑内部大量的亮点还能够看清楚，点点头，如果观察到光斑的移动方向跟头部的移动方向相反，您应该佩戴的是近视眼镜；如果移动方向相同，您应该佩戴的是远视眼镜。取下眼镜后，能够看清楚的现象，相信已经不能用几何光学来解释了（不佩戴眼镜的读者可以佩戴眼镜来观察）。

佩戴眼镜的读者也可以取下眼镜观察激光笔打在墙上的光点，看是否出现了一圈圈亮暗相间的圆环。用相机或手机相机的手动模式，连续调焦，应可看到与下图类似的现象。

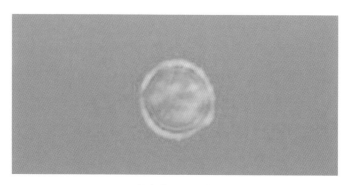

图 7-9　激光笔光点的菲涅尔衍射

三、从伽利略到牛顿

人类早期对于视觉和听觉现象的好奇心让他们开始探寻光学和声学的奥秘。然而，真正深入系统地研究这些现象是直到近代才开始。望远镜和显微镜的问世极大地拓展了人类的视野，为近代科学的发展铺平了道路。

在 1608 年，荷兰人发明了望远镜，这一消息在 1609 年传到了帕多瓦大学教授伽利略那里。利用他的光学知识，伽利略制作了性能优越数倍的望远镜，并将其对准天空中的星体，得到了望远镜天文学的首批重要发现。伽利略通过观察和推理，为哥白尼的日心说提供了支持证据。

伽利略在《星际信使》一书中展现了他在光学研究方面的独特风格。他首先得知了望远镜的存在："大约 10 个月前，一则流言传到我们耳朵里，说某位荷兰人已经造出了一台窥镜，借助它，即使与观察者的眼睛相隔甚远，可见目标也会立即变得好像近在眼前一样清晰。"尽管这则流言引起了他对望远镜的关注，但具体的制作细节难以获知，直到法国人雅克·巴多维尔向伽利略证实了这一流言。伽利略开始以极大热情投身于望远镜的研究，尤其是考虑到其在军事上的潜在应用前景之后。

伽利略详细记述了他的望远镜制作过程，从"大致上，我准备了一根铅管，在其两端分别安装了两块玻璃透镜，它们一面平坦，另一面则分别是凸球面和凹球面"到"然后我把眼睛靠近凹透镜，我满意地看到物体变得又大又近"。通过一系列探索和尝试，伽利略成功地制造出了当时性能最卓越的望远镜，也被称为伽利略式望远镜。

伽利略曾言："列举这种仪器在陆地和海洋上有多少和多大优势是完全多余的。"这不仅突显了伽利略的睿智之处（他不着痕迹地强调了望远镜在军事上的巨大潜力），同时也反映了当时科学研究对于来自贵族资金的强烈需求。他投身于天空的探索，放弃对地上目标的兴趣。首先，他"近"距离观察了月球；接着，他洋溢着难以抑制的喜悦，频繁观察那些静止和游荡的星星。当看到它们的数量之巨大时，他开始思考并最终发现了一种方法来测量它们之间的（角）距离。伽利略的望远镜不仅开启了对天文学的全新探索，更标志着望远镜天文学时代的来临。

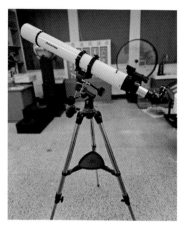

图 7-10　折射式望远镜

　　在深入具体观察之前，伽利略探讨了确定望远镜放大倍率和测量距离的方法。这里我们不再详述。他通过望远镜做出了一系列重要发现，包括月球表面的不均匀性、遥远的恒星、木星的卫星、金星的相和太阳黑子等。他发现月球上存在大量山脉，还运用几何知识计算了这些山脉的高度。对于银河，伽利略揭示了其不是连续光亮分布，而是包含许多恒星的事实。此外，他发现了行星和恒星的差异，其中行星在望远镜中显示出细节，而恒星始终呈点状。伽利略通过连续观察木星卫星数周，得出了它们绕木星运动的结论。对太阳黑子的持续观察使他发现了太

图 7-11　伽利略《星际信使》
一书中绘制的月面和银河

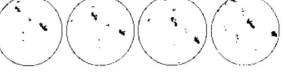

Sunspots drawn by Galileo, June 1612

图 7-12　伽利略 1612 年对太阳黑子的连续观察

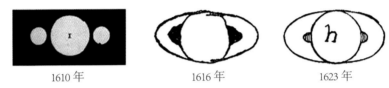

1610 年　　　　　　　1616 年　　　　　　　1623 年

图 7-13　伽利略不同时期绘制的土星

阳的自转。初始对土星的观察由于望远镜成像质量不佳，伽利略误认为土星环是两颗星星，但通过更先进的望远镜，他观察得出了土星环的真实结构。伽利略的这些发现为望远镜天文学的崛起奠定了基础。

　　有条件的读者可以尝试用望远镜观察木星及其卫星、土星环、太阳黑子（需在物镜前加巴德膜）等。

　　为什么望远镜能够望远？我们可以用几何光学虚拟实验来测试。下图为平行光经过焦距分别为 694 mm 和 -267 mm 的理想凸透镜和理想凹透镜的情况。

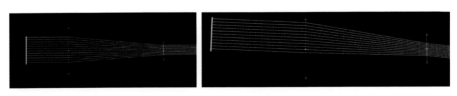

图 7-14　利用几何光学虚拟实验搭建的伽利略望远镜结构

从第一个图可以看到，两个理想透镜的中心对称轴（光轴）重合。平行于光轴的入射平行光先经过凸透镜（物镜）汇聚，然后再经过凹透镜（目镜）变为平行光。目镜的一个重要作用是将汇聚的光线转换成平行光，因为正常视力的人眼能够处理平行光，所以凹透镜后的眼睛可以清晰地看到远处的物体。

透镜组合的适当倍率可以产生"望远"的效果。我们使用与光轴夹角一定的平行光来展示这一点。平行光通过物镜和目镜后，仍然转换成平行光，与前一种情况没有本质区别。但是，从目镜出射的平行光与光轴的夹角相比入射到物镜的平行光与光轴的夹角更大，这个比值在光学中称为望远镜的角放大率。

与伽利略式望远镜相比，开普勒式望远镜使用了一个短焦距的凸透镜作为目镜。感兴趣的读者可以通过几何光学虚拟实验，定性验证开普勒式望远镜的原理和结构。

为什么要使用理想透镜？在一倍焦距之外的点光源只有通过理想凸透镜才能成像为一个点。读者可以在上述几何光学虚拟实验中添加球面透镜（透光物 - 球面透镜）进行测试，观察点光源或平行光束的成像情况。此时，如果不使用理想透镜，将会出现各种偏差（称为像差）。

色差是像差的一种，即不同颜色的平行光沿光轴聚焦于不同的焦点，如图 7-15 所示。

为了更好地理解，我们可以通过白光经过三棱镜的类比来说明。众所周知，白光通过三棱镜会发生色散。

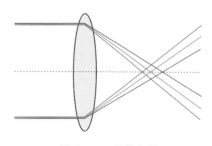

图 7-15　透镜色差

类似于三棱镜，透镜也会出现色散，当来自远处的平行白光通过望远镜物镜后，不同颜色将在不同焦点处聚集，从而极大地影响望远镜的成像质量。

在棱镜色散实验中，牛顿的实验最为著名。尽管笛卡儿在牛顿之前也做过类似实验，但可能由于观察屏放得太近而没有观察到明显的色散现象。1665年，大瘟疫席卷英国，牛顿回到家乡，正是在这一特殊年份里，他在光学领域取得了巨大的突破。从牛顿手稿的一张图中，我们可以看到色散实验的细节：首先在遮光的窗户上开一个小孔，形成一个近似的点光源，这个点光源通过凸透镜在后面的观察屏上形成一个像点。牛顿色散实验的第一步是在透镜后放置一个三棱镜，这时在观察屏上不再是一个像点，而是一个连续的彩色亮带；实验的第二步，用一个完全相同但相反放置的三棱镜置于第一个三棱镜后，结果亮带消失，变回一个亮点；第三步，在观察屏上选择某种颜色（例如红色）的位置开一个小孔，然后将第二个三棱镜放在孔后，牛顿发现红光没有再分解为其他颜色。

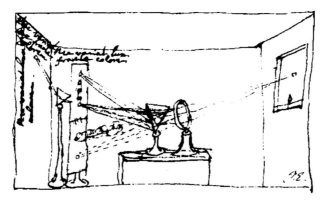

图7-16　牛顿绘制的实验草图

牛顿是一位杰出的力学大家，在力学领域取得巨大成功后，他努力将力学规律推广到热学和光学。牛顿进行了一系列在科学史上具有重大意义的光学实验，这些实验记录在他的著作《光学》中。为了纪念牛顿在科学上的卓越成就，德国邮政于 1993 年发行了一枚纪念邮票。该邮票以棱镜色散实验的示意图为背景，在左上角呈现了牛顿第二定律的公式。邮票设计者的初衷可能是向牛顿对科学所做出的贡献致敬。牛顿一生的四部重要著作包括《神学》《年代学》《光学》和《自然哲学之数学原理》。棱镜色散实验插图取自《光学》一书，而邮票上的公式则对应《自然哲学之数学原理》中牛顿第二定律的数学表达。这枚邮票生动地展示了牛顿在不同科学领域的卓越贡献。

图 7-17　纪念牛顿诞生 350 周年德国发行的邮票

我们也可以从另一个角度来审视邮票的设计。作为与笛卡儿一脉相承的学者，牛顿是光的粒子学说的坚定支持者，一直试图用力学规律来解释光学现象。以光的反射为例，当光照射到光滑的镜面上时，反射的角度与入射的角度相等，这恰似小球与刚性壁之间发生的弹性碰撞。乍看之下，光的粒子学说能够解释一些光学现象，但仔细思考时，以现代观点来看却并非完全如此。依然以反射为例，光滑的镜面在显微镜下观察并不是真的光滑，所以经典的弹性碰撞并不能完全解释反射现象。

牛顿认为，光之所以发生折射，是因为光的微粒受到了力的作用，从而改变了它的运动方向。在下图中，两种介质（例如上方是玻璃，下方是空气）的分界面沿水平方向，斜入射的光发生了折射。从对称性的角度分析，光的微粒受到的力应该沿竖直方向。更进一步地，不同颜色的光折射角度不同（即折射率不同）。牛顿通过严密的数学推导最终得出一个结论——折射率不同的光，其微粒的运动速度也不同。这个结论需要实验证实，于是牛顿与格林尼治天文台的创始人约翰·弗拉姆斯蒂德合作，希望通过观察木星卫星（由于是伽利略最先发现的，因此也被称为伽利略卫星）来验证这一结论。然而，观察并未得到牛顿所期望的现象——当木星卫星被木星遮住时，运动最慢的光粒子的颜色应该最后被观察到；而当卫星刚从木星背后出现时，运动最快的光粒子的颜色应该最先被观察到。

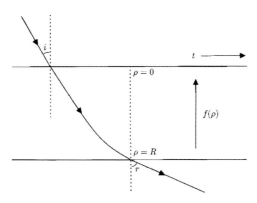

图 7-18　光的粒子学说中光粒子在两种介质分界面发生折射时的情况

在观察到色散现象后，牛顿认为与之相关的望远镜物镜的色差问题似乎难以解决。然而，他察觉到反射镜可以无差别地反射各种颜色的光，于是采用了凹面反射镜作为物镜替代凸透镜作为物镜的方案。牛顿制作了一架以凹面镜为物镜的望远镜。由于采用凹面镜，光线被汇聚到镜筒前部。牛顿在前面放置了一块小的反射镜，将汇聚光线反射，以便用安装在镜筒侧面的目镜进行观察。下图展示了一架牛顿式望远镜。其目镜位于镜筒前部侧面，而在镜筒内部的前端有一个支架，用于安放目镜前的小反射镜（副镜）。根据副镜的不同，望远镜分为牛顿式、卡塞格林式、格里高利式三种——牛顿式采用平面镜作为副镜，卡塞格林式采用凸双曲面镜作为副镜，格里高利式则采用凹椭球面镜作为副镜。前文提到的天文望远镜拍摄遥远星体出现的星芒现象，源自副镜支架的夫琅禾费衍射。

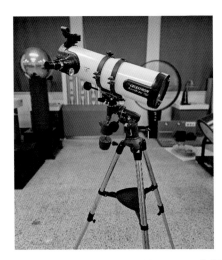
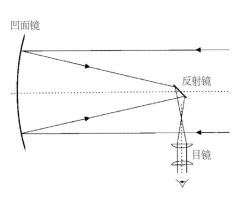

图 7-19　牛顿式望远镜及其示意图

此外，还有一些用于消除球面像差和其他像差的设计，这些设计广泛应用于当代各种类型的望远镜中。在这里，我们主要希望读者能够体会到科学家在创新和发现过程中的所思所想，因此不再详细阐述。感兴趣的读者可以查阅介绍天文望远镜相关的书籍。

值得一提的是，天文学家莱曼·斯皮策于 1946 年提出了建立太空天文台的设想。直到 1990 年，哈勃望远镜才被发射到低地球轨道上。哈勃望远镜的口径为 2.4 m，长度约为 16 m。尽管其尺寸远远小于地面上的大型光学望远镜，然而在太空中，它能够摆脱大气干扰，以比地面望远镜更高的分辨率和更出色的效果成像，同时还能够观察到地面望远镜无法捕捉到的红外和紫外波段。

大气干扰会影响天文望远镜的成像质量，而大气也会产生一些引人入胜的光学现象。为什么天空呈现蓝色？我们可以通过一个小实验来展示。当硫代硫酸钠与稀盐酸按 1:1 混合反应时，溶液中会产生不溶于水的固态硫分子。随着反应进行，多个硫分子会聚集形成较大颗粒，颗粒的直径逐渐增大，最终超过可见光波长。有条件进行实验的同学可以观察到从瑞利散射

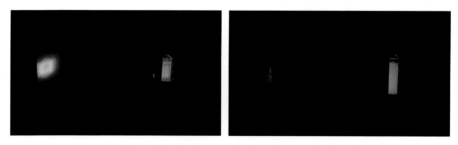

图 7-20　硫代硫酸钠与稀盐酸的混合溶液对白光散射的前后对比

图 7-21　滴露水溶液的散射

图 7-22　牛顿环装置下看
到亮暗相间的彩色条纹

（颗粒尺寸远小于光的波长时，散射光的强度与波长的四次方成反比，因此散射光中蓝光强度更高。纯净的大气产生的瑞利散射来源于很小区域的密度扰动）到米氏散射（颗粒尺寸与波长相当时）的转变。在家中，同学们可以用纯净水瓶加入数滴滴露消毒液进行实验。若滴露过多导致发白，只需将瓶中溶液倒出一部分，再加入水进行尝试。

　　尽管未直接解决望远镜物镜的色差问题，牛顿的另一项发现对改善以大焦距凸透镜为物镜的望远镜成像质量起到了重要作用。为了能够定量研究薄膜中出现的彩色条纹，牛顿巧妙地运用了望远镜中的大焦距凸透镜结合平板玻璃，从而得到了厚度可控的空气薄膜。这样的装置构成了我们现在所称的"牛顿环仪"装置，其内疏外密、亮暗相间的圆环状干涉图样被称作"牛顿环"。尽管牛顿未能正确解释牛顿环中亮暗相间条纹的形成原理，但利用牛顿环装置，他成功地实现了对大焦距凸透镜质量的检测：若条纹呈现规则的环状，表明凸透镜凸面形状规整；反之，则需要通过打磨消除瑕疵，以提高成像质量。

四、夫琅禾费的六灯实验与太阳光谱实验

除了使用反射镜解决望远镜物镜的色差问题外，还有另一种新的解决方案，即组合具有不同折射率曲线的玻璃材料，以实现两个特定颜色（甚至多个颜色）色差消除。早期光学实验（如测定玻璃材料对不同颜色光的折射率）的精度难以保证，部分原因可能是对光是粒子还是波的争论尚未解决。从牛顿的棱镜色散实验可见，制造三棱镜的玻璃材料对不同颜色光具有不同折射率，从而产生了彩色亮带。尽管牛顿的实验设计巧妙，但由于没有使用平行光，难以直接应用于折射率的定量测量。在遮光窗户上开的孔可视为点光源，发散的光束汇聚到屏上，这里没有平行光束，因此难以定义光的方向或角度，进而难以进行定量测量。

一位德国科学家在光学实验方面迈出了重要一步。约瑟夫·夫琅禾费以其对横跨太阳光谱的暗线的"发现"以及在光学玻璃制造和衍射方面的工作而闻名于世。他具备卓越的玻璃制造技术，在他的领导下，玻璃工匠成功制

图 7-23　夫琅禾费用玻璃材料磨制的三棱镜样品

图 7-24　利用测角仪测量光线偏折角度

造出了纯净而均匀的玻璃。火石玻璃由石英、碳酸钾、硝石和红铅组成，高色散和折射率的火石玻璃样品含有大量的铅。在修道院改建的玻璃工厂中，夫琅禾费改变配方，通过反复试验获得了具有所需色散和折射率的样品。制造冕牌玻璃的材料包括二氧化硅（来自沙子）、碳酸钙和碳酸钾。同样，他调整了这些成分的比例，实际上测试了数百种原始配方。

　　接下来是如何精确测定玻璃材料的折射率曲线。夫琅禾费制造的消色差透镜用于测量角度的仪器——经纬仪。改进后的经纬仪可以用来测量经过棱镜后光线偏折的角度。然而，通常情况下光线并没有完全平行地照射在棱镜上，因为入射角通常并不相同，导致经纬仪似乎无法发挥准确测量光线偏折角度的作用。

　　从夫琅禾费的手稿中，我们可以找到他当时设计的实验——六灯实验。为了确保照射在棱镜（图中安装在测角仪上的棱镜）上的光线近似平行（或者说能够确定其入射角度到相当的精度），夫琅禾费大大增加了灯和棱镜之间的距离。他利用修道院宽阔的广场，将距离增加到 100 多米，远远大于牛顿实验中窗上小孔到棱镜的距离。为了确保入射在目标棱镜上的光线保持平行，同时包含尽可能多"能够被确定的"颜色，夫琅禾费使用了六盏灯和靠近灯的另外一个三棱镜（我们把它称为第一个三棱镜，置于测角仪上的棱镜称为第二个三棱镜）。

为什么需要使用第一个三棱镜？如果不使用第一个三棱镜，白光经过第二个三棱镜后将会出现一条彩色亮带，其中一种颜色（例如红色）会在一个有一定宽度的区域（而此区域两端的红色也不尽相同），不便于精确测量。当时对于光是粒子还是波并没有定论，如何确保测量的是某种颜色光所对应的折射率？为了提高实验的可重复性，夫琅禾费使用了六盏灯，每盏灯后有一个快门控制灯光是否透出，夫琅禾费在第一个三棱镜后面还加上了一个狭缝，以使每种颜色的范围尽可能窄。

从 C 处的灯发出的红色光线折射至 E，紫色折射至 D。从 B 处发出的红色光线传播朝 F 方向，紫色光线朝 G 方向。在经纬仪上，夫琅禾费放置了棱镜 H（第二个三棱镜），其对不同颜色光线的折射率需要被确定。他调整了六个快门相对棱镜 A 的位置，A 后的狭缝和棱镜 H 也进行了调节，使得 H 仅接收来自灯 C 的红色光线和来自灯 B 的紫色光线。中间的灯则提供了红光和紫光之间的其他颜色。由于光线偏折的角度可以通过改良的经纬仪测量到非常高的精度，夫琅禾费可以以远优于同时代竞争者的精度来确定各种玻璃材料对每种彩色光线的折射率。

六灯实验在极大程度上确保了夫琅禾费测量结果的准确性和可重复性。但这还远远不够（请读者思考原因），夫琅禾费决定将太阳作为他的光源。他将改良后的经纬仪和棱镜放置在一个漆黑的房间里，在窗帘上切一条垂直

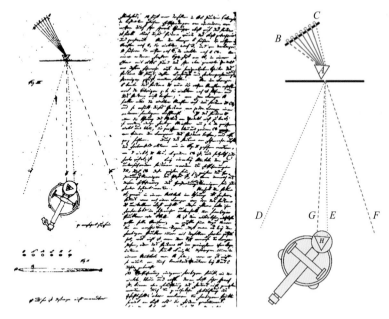

图 7-25　夫琅禾费手稿中的六灯实验

的缝。夫琅禾费观察到太阳连续彩色光谱中的 574 条暗线。随后，他从中挑选出最显著（即最宽和最清晰）的七条线，将它们分别标记为 B、C、D、E、F、G 和 H，以确定棱镜玻璃的折射率。

可以看出，在那个光的本性是粒子还是波尚无定论的时代，夫琅禾费通过精巧的实验，成功地进行了折射率曲线的精确测定；同样，在太阳光谱暗线的来源还不清楚的情况下，夫琅禾费利用这些暗线进一步提高了他的折射率测定实验的准确性和可重复性。

1785 年，美国天文学家戴维·里滕豪斯用两根细小的黄铜丝制成微小

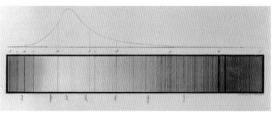

图 7-26　德国纪念夫琅禾费诞生 200 周年发行的邮票和夫琅禾费手绘的太阳光谱暗线

的"螺钉"，并在这些"螺钉"的螺纹上捻上头发丝作为衍射光栅。尽管他发表了相关论文，但当时并未引起广泛关注。

1813 年，夫琅禾费重新发明了衍射光栅，搭建了第一台制造光栅的机械。这台机械包括放置光栅毛坯的滑架和用于刻画直线凹槽的工具，工具顶端嵌有小颗金刚石。在刻画过程中，金刚石会在毛坯上拖曳进而画出一个直线凹槽。完成一个凹槽的刻画后，滑架将移动到下一个位置（相邻两个凹槽中心间的距离是固定的，称为光栅常数）再刻下一个凹槽。借助这些改进的光栅，夫琅禾费能够准确测量太阳光谱中的暗线。夫琅禾费在玻璃上刻画制成的光栅被称作透射式光栅，还有一大类光栅被称为反射式光栅，常见的电脑光盘可视为反射式光栅。

感兴趣的读者可以使用光盘制作一个透射式光栅。所需材料仅包括一张光盘、一把美工刀和宽透明胶带。使用美工刀在光盘的贴纸面上刻出一长条缺口，然后使用透明胶带撕下贴纸，就能得到一个透射式光栅。透过光盘光栅观察手机闪光灯，你将看到环形的彩色条纹。

牛顿的棱镜色散实验同样用到了太阳光，读者可能会思考为什么牛顿没

图 7-27　光谱仪中的反射式光栅　　图 7-28　用自制的光盘光栅观察手机点状闪光灯（连续的彩色亮环）和汞灯后的小出光孔（分立的彩色亮线）

有观察到暗线？这与平行光有关。夫琅禾费的实验中使用了平行光，因此可以精确测定光线偏折的角度，也能够看到不易观察的暗线。为了纪念夫琅禾费，这种从光源到衍射屏、衍射屏到接收屏的距离可被视为无穷远（当然，我们可以通过透镜使这个距离变为有限远）的衍射现象称为夫琅禾费衍射，也是前面提到的与星芒相关的衍射现象。

五、迈克耳孙干涉仪

前文提及的各种实验现象已经涵盖了几何光学的现象和波动光学中的衍射现象。在波动光学领域，还存在一大类被称为干涉的现象。在历史长河中，许多仪器利用了干涉现象，其中最著名的要数迈克耳孙干涉仪了。在1887年，迈克耳孙和莫雷合作进行的精确实验间接导致了狭义相对论的诞生。需要说明的是，可能爱因斯坦提出狭义相对论前并不知道迈克耳孙-莫雷实验的结果。在由麦克斯韦方程组推导出真空中电磁场的波动方程时，并没有相对于某一特定的惯性参考系，因此真空中的光速等于恒定值应当在任何惯性系中都普遍成立。

而在2015年，借鉴迈克耳孙干涉仪建立的 LIGO 首次探测到引力波信号，为广义相对论提供了实验验证。这一发现成为科学史上的重大事件，进一步加深了我们对引力波和爱因斯坦理论的理解。

图 7-29　迈克耳孙和莫雷

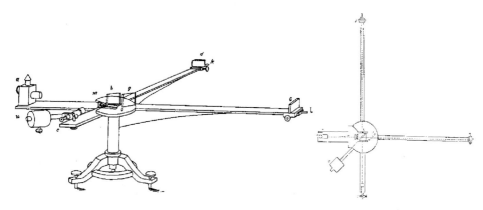

图 7-30　迈克耳孙 1881 年文章中干涉仪的侧视图和俯视图（光路）

　　根据经典物理学理论，一切电磁波应当通过静止的以太来传播。由于地球公转，相对于以太的速度约为 30 km/s。因此，光沿公转方向和垂直于公转方向的传播速度应该有所不同。迈克耳孙设计的干涉装置在转动 90°后，根据理论，在望远镜中应观测到 0.04 个干涉条纹的移动（迈克耳孙早期的仪器可分辨 0.018 个条纹移动）。然而，1881 年迈克耳孙的实验中并未观察到这种条纹的移动。

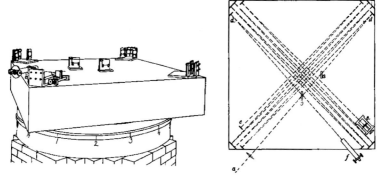

图 7-31　迈克耳孙和莫雷 1887 年文章中干涉仪的侧视图和俯视图（光路）

这一结果的出现挑战了当时的经典理论，为后来爱因斯坦狭义相对论的诞生埋下了伏笔。

迈克耳孙并没有满足于他在 1881 年取得的实验结果。1887 年迈克耳孙与著名化学家莫雷合作，进一步改进了实验装置，按经典理论预测应该出现 0.4 个干涉条纹的移动，仪器的分辨率也提高到了可分辨 0.01 个条纹移动。然而实验中仍然未观察到任何条纹的移动。这次实验结果揭示了以太理论的缺陷，对经典物理学的基础构成了冲击。

新装置在哪些方面进行了改进呢？早期装置的尺寸约为 1 m，因此干涉仪一个臂的长度也约为 1 m。为提高臂长，迈克耳孙和莫雷采用了一种巧妙的方法，通过放置多个反射镜，让光线在每个臂上来回反射。同时，为减弱震动对测量的影响，实验装置放置在花岗石实验台上，实验台则同木浮一起漂浮于水银槽中，确保了转动的稳定性。这样的设计将仪器的分辨率从 0.018 个条纹移动提高到 0.01 个条纹移动。

值得一提的是，在 2015 年，LIGO 团队成功探测到来自两个黑洞合并的引力波信号，促成这一发现的科学家团队在 2017 年获得了诺贝尔物理学奖。这标志着人类有了除电磁波之外的一种用于探测遥远天体的新载体——引力波，打开了多信使天文学研究的新篇章。

激光干涉引力波天文台（LIGO）是由两个观测站组成的系统，分别位于华盛顿州的汉福德和路易斯安那州的利文斯顿。每个观测站中的 LIGO 设备都在一个超高真空环境中工作，其设计是将一束激光分为两部分，分别沿着两个相互垂直、长度为 4 km 的臂传输。激光在每个臂的末端通过镜子反射回来，每束光在臂内会反射超过 400 次，以此放大任何可能的变化。当引力波经过 LIGO 时，它们会引起这两个臂的长度发生极微小的变化——大约是一个质子

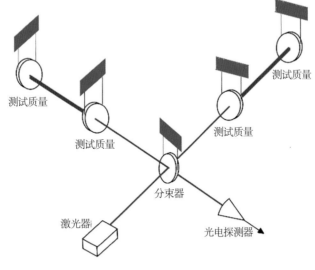

图 7-32　LIGO 原理图

直径的万分之一。这种极小的长度变化会导致反射回的两束激光的相位发生变化，从而形成一个可测量的信号。这使得科学家能够探测到这些微小的变化，进而确认引力波的存在和性质。

通过 LIGO 的原理图我们可以发现，LIGO 与 1881 年迈克耳孙装置惊人地相似。从上述描述中，我们还可以看到，采用多次反射提高等效臂长的方式与 1887 年迈克耳孙 - 莫雷装置有着异曲同工之妙。

对这一话题感兴趣的读者，不妨查阅迈克耳孙当年发表的原始文章，关键词可以使用 "Michelson 1881" 或 "Michelson 1887"。

对待人类发展历史中的经验以及各学科发展历史中已经获得的研究成果应采取正确的态度。在参考这些成果时，我们应该以批判的态度进行借鉴。

前文提到的以太理论，就是在光学领域借鉴了力学中机械波传播需要弹性介质这一条件，认为光的传播同样需要介质——以太。

六、如何创新——从一个普通的实验说起

前文通过物理学史和相关演示实验介绍了一些对科学进程可能产生影响的伟大科学家和他们的实验，这些实验无疑都展现了很强的创新性。创新并非总是遥不可及的，这里我想给大家分享一个力学小实验中创新的例子。

测量重力加速度较为常见的有三种方法：自由落体、单摆、弹簧挂重物（用于测量重力加速度的变化）。此外还有一种方法，绕对称轴匀速旋转的圆柱形水桶，根据水面的抛物面形状也可测得重力加速度。装置如图7-33所示，阿特伍德机实验可以看作是自由落体方法的一个拓展——它能够减缓物体的下降速度，从而做出更精确的测量。同时，我们还可以调整砝码总质量或改变两侧砝码的质量差值，以进行多组实验。

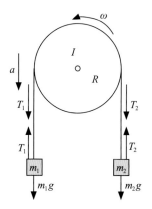

图 7-33　阿特伍德机原理图

在一般的物理实验室中，我们有许多仪器可以测量物理量随时间的变化情况。结合计算机软件，我们能够实时绘制这些物理量随时间变化的图像，使得结果更加简单直观。阿特伍德机实验可以借助转动传感器来实现（见图7-34，图中底部增加的 U 形细线是为了消除在砝码运动过程中两端线长改变导致的质量变化）。转动传感器能够测量出滑轮每个微小时间间隔内的角度变化，并通过测量的角度计算出角速度和角加速度（对于不熟悉角度、角速度和角加速度的读者，可以将其类比为一维运动中的位置、速度和加速度等物理量）。

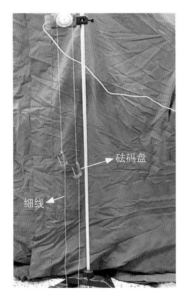

砝码盘

细线

图 7-34　阿特伍德机实验装置

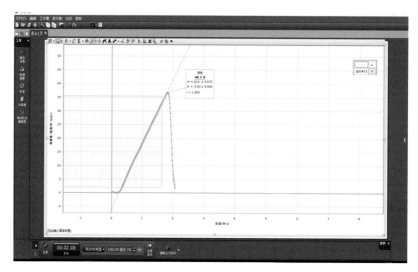

图 7-35　PASCO 配套的 Capstone 软件截图

转动传感器的核心部件是光电编码轮。这个部件的工作原理可以这样理解：如果有一个齿轮，每挡住一次光线产生一个电信号，那么就可以通过"数"电信号的数量来确定齿轮转过的角度（齿越密，测得的角度越精确）。或许有细心的读者会问，如何区分正转和反转呢？这就是"光电编码轮"的妙处。如果我们用两个不同宽度的小齿替代每个齿，较宽的齿挡光时间较长，而较窄的齿挡光时间较短（当然，这两个小齿之间、一组小齿与其他小齿之间都要适当隔开，以避免测量出错），当检测到先长后短的两次挡光时，我们知道系统沿某个方向转过了一定角度。相反地，当我们检测到先短后长的两次挡光时，系统沿相反方向转过了一定角度。当然，我们也可以通过其他更复杂的机械结构来实现类似的功能。这种设计巧妙的传感器提供了准确而可靠的角度测量。

在这里，我们将呈现经过推导和简化后的实验所使用的理论公式，这是实验的第一部分。我们首先忽略了摩擦阻力矩的影响。公式的第一个等式表明角加速度是角速度对时间的导数（对于不熟悉导数的读者，可以理解为角速度-时间曲线的斜率）。当我们确定了两端挂载砝码的质量时，这个导数（或者说斜率）应该是一个常数。换句话说，在砝码质量确定的情况下，尽管角速度-时间曲线可能不是一条严格的直线，但我们可以通过某种方式选择一条最接近它的直线（即进行拟合）。因此，这条直线的斜率就是通过实验得到的角加速度。

$$\alpha = \frac{d\omega}{dt} = \frac{g / R}{I / R^2 + (m_1 + m_2)}(m_2 - m_1)$$

我们把上面的直线拟合称为第一重拟合，这是我们当两边砝码质量都确定的时候可以做的事情——进行一组实验，测得一组数据/图像，直线的斜率对应某一个角加速度 α 的确定值。

上面的公式其实还包含了另外两重直线拟合。一个比较明显——当质量和 m_1+m_2 固定，公式右边的分数为一个常数，因此角加速度 α 同质量差 m_1-m_2 也是一个线性的关系，固定质量和、改变质量差测得不同的角加速度，拟合后可得这个分数所对应的常数 k。

我们对 k 的形式进行变换，得到下面的公式，公式中还存在一重直线拟合——当我们改变质量和 m_1+m_2，对于每一组质量和都重复上面的两重拟合得到不同的 k，对 k 的倒数和质量和进行第三重直线拟合，结合滑轮半径，最终可以计算出重力加速度 g。

$$\frac{1}{k} = \frac{1}{g / R}(m_1 + m_2) + \frac{I / R^2}{g / R}$$

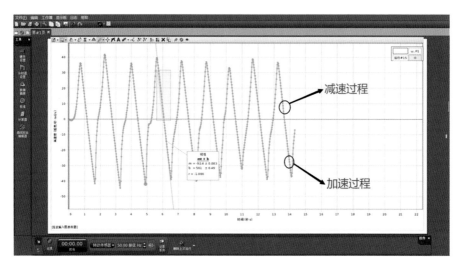

图 7-36　PASCO 配套的 Capstone 软件截图

实验并不都是有趣的，其中也会涉及大量的看似枯燥乏味的测量和计算。通过三重直线拟合的方式，最终测得的重力加速度结果为

$$g = (9.618 \pm 0.051) \text{ m/s}^2$$

从数值上看，这个测得的重力加速度与当地的标准重力加速度 $g = 9.7936$ m/s²相比偏小，结果不理想。小数点后第一位的偏差向我们展示了摩擦阻力（更确切地说是摩擦阻力矩）的影响。传统处理摩擦阻力矩的方法是在基本公式（不同于上述的角加速度公式，而是更为基础的刚体定轴转动公式）中直接考虑摩擦阻力矩。这既是一个力学问题，也是一个工程问题，比如转动传感器转轴上使用的轴承类型，该阻力矩与角速度、轴承各方向载荷等因素的关系都需要考虑。不同类型的轴承适用于不同的经验公式，而这些公式的参数需要通过实验来确定。

遇见科学：讲给青少年的物理公开课

问题似乎变得复杂难解。这里我们可以换一种思路。众所周知，摩擦阻力的方向与速度方向相反。类似地，摩擦阻力矩的方向也与角速度方向相反。如果我们能够让滑轮及其连接的转动传感器先向某个方向旋转，然后再反向旋转，摩擦阻力矩的方向相反，可能会相互抵消。从公式推导中，我们发现摩擦阻力矩的影响可以通过正反转的方式来抵消（或者说可以在很大程度上减弱）。而这个正反转，在实验中非常容易实现——在最初的阿特伍德机实验中，我们用手托住两侧的砝码，让其自然释放。此时，重的砝码下降，轻的砝码上升。如果我们在实验开始时先快速拉动轻砝码使之向下运动，此时轻砝码会先下降（滑轮朝一个方向旋转），然后上升（滑轮朝另一个方向旋转）。这个过程在从电脑端测得的数据图上也可以看出（图中对应了 9 次测量，读者可以只关注最后一次有标注的测量）：轻砝码下降的减速过程和轻砝码上升的加速过程的斜率很接近但不相同，主要是轴承摩擦阻力矩的影响。将这两段分别拟合得到的角加速度求平均值，然后使用之前的三次拟合方法处理这个平均值，最终可以得到更准确的重力加速度 $g = (9.791 \pm 0.028)\,\mathrm{m/s^2}$。

作为自然科学的基石，物理学在科学体系中扮演着至关重要的角色。从构成核子的微观基本粒子，到更高一级的原子，再到由众多原子组成的凝聚态体系，这些都是物理学研究的领域。化学则涵盖了由原子构成分子，或分子之间发生变化的范畴。而生物学则深入研究由分子构成的生物功能基团。目前，以氢原子和锂原子，以及类氢离子和类锂离子为代表的只有少数几个电子的原子体系，其非相对论的薛定谔方程可以通过数值方法精确求解，例如，氢原子非相对论能量可达 20 位有效数字，对应的波函数可达 10 位有效数字。然而，对于更复杂的体系，只能采用平均场等方式处理，随着体系复杂度的增加，精确求解变得愈加困难。因此，从还原论的角度来理解描述物质世界的不同层次的学科（物理、化学、生物等），仍旧面临着一些困难。

不同学科具有各自的发展历程和研究方法，即所谓的研究范式。学习的终极目标是理解这个世界，实现自身的价值。为了更好地理解世界，我们必须了解各个学科在世界发展过程中的演变，其中既包括自然科学，也包括社会科学。

在教学方面，美国心理学奠基人、哲学家、教育家威廉·詹姆斯曾指出：只要从历史的角度来看，你就可以赋

予任何学科以人文价值，如果从天才们取得一个又一个成就来讲授地质学、经济学、力学，那么这些学科都是人文主义的。以物理学为例，科学发展的一般规律是定性—定量—相关理论，这也分别对应了初中、高中、大学三个阶段的学习侧重点。学习不应仅局限于公式、定理和解题。如果我们能够更多地了解一些物理学史上伟大科学家的重要实验，尝试剖析和理解他们在发现创造过程中的思考，可能有助于更好地理解物理学科的发展，甚至更好地理解人类社会的发展。

　　好奇心是推动人类社会发展的原动力。伽利略和牛顿充满了好奇心和对宇宙法则的追求。通过对天文现象的深入观察或剖析，他们揭示了宇宙的奥秘。在学习中，我们也应该怀揣好奇心，积极探索这个世界的运行规律，即使在面临困难和挫折时也要充满热情地学习，为最终理解这个世界的运行规律做好准备。

S

$v = gt$

$= \sqrt{2gS}$

扫码观看本讲视频

穿越时空的探险

——诺贝尔奖物理实验的奇幻漂流

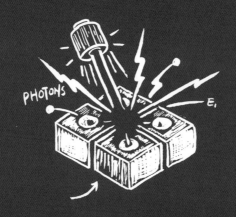

做实践育人的践行者

吴奕初，武汉大学物理科学与技术学院教授，博士生导师。物理国家级实验教学示范中心（武汉大学）主任，首批国家级虚拟仿真实验教学一流课程负责人。全国高校物理实验教学研讨会常务理事会副理事长，教育部高等学校大学物理课程教学指导委员会大学物理实验专项委员，高等学校物理演示实验教学研究会理事。他是对武汉大学充满热爱的"武大人"，是科研反哺教育的践行者，也是教学促进科研的推进者。从科研工作者到教授，再到物理国家级实验教学示范中心（武汉大学）主任，角色在不断变化，但不变的是他质朴的学术理想，以及他作为"武大人"对国家、民族的使命与担当。

我来到武汉大学 20 余年，主要从事材料物理、核物理等领域的教学与科研工作。让虚实交融诺贝尔奖物理实验平台的建设从无到有。近年来，我带领实验中心团队在育人理念方面实现了三个结合，即马克思主义立场观点方法的教育与物理科学精神的培养相结合，物理实验教学中人文与科技相结合，虚拟仿真实验项目的建设与应用相结合。

我的教学不断强化学生的能力训练，提高学生的综合素养，积极推进教学资源开放共享，中心开发的 30 多个实验项目构成了两大系统，被 100 多所高校试用，20 多所高校采用，教学效果反馈良好。

诺贝尔物理学奖是世界上最著名的科学奖项之一，每年颁发给在物理学领域做出杰出贡献的科学家。自 1901 年以来，已经有超过 200 位科学家获得了这个奖项，其中超过三分之二获奖者因他们的实验而获得了这个奖项。例如，2022 年的诺贝尔物理学奖授予了三位科学家，他们通过光子纠缠实验，确定贝尔不等式在量子世界中不成立，并开创了量子信息这一学科。

诺贝尔物理学奖的获奖者们通过他们的实验和研究，推动了人类对自然界的认识和理解。其中一些实验不仅改变了我们对世界的看法，还带来了许多实际应用。例如，纠缠量子态中，即使两个粒子分离，它们也表现得像一个单独的单元，这种效应正得到应用，包括量子计算机、量子网络和安全的量子加密通信。

除此之外，还有许多其他著名的实验也曾获得过诺贝尔物理学奖，走进物理国家级实验教学示范中心（武汉大学）的诺贝尔奖物理实验室，你能真实感受到物理实验的设计之美，窥探诺贝尔奖的奥秘，拉近与诺贝尔奖的距离，拓宽科学视野，学习和领悟科学巨匠们高尚的学术品德和迷人的人格魅力。具体实验包括：

- X 射线综合实验（1901 年，伦琴发现 X 射线）

- 塞曼效应（1902 年，关于磁场对辐射现象影响的研究）

- 电子荷质比实验（1906 年，对气体导电的理论和实验研究）

- 迈克尔孙干涉（1907 年，迈克尔孙的精密光学仪器，以及借助它们所做的光谱学和计量学研究）

● 黑体辐射实验（1911 年，发现那些影响热辐射的定律）

● 光电效应（1921 年，爱因斯坦对理论物理学的成就，特别是光电效应定律的发现）

● 氢原子光谱（1922 年，对原子结构以及由原子发射出的辐射的研究）

● 密立根油滴实验（1923 年，关于基本电荷以及光电效应的研究）

● 夫兰克 - 赫兹实验（1925 年，发现那些支配原子和电子碰撞的定律）

● 康普顿散射（1927 年，发现以他命名的效应）

● 激光拉曼光谱（1930 年，拉曼对光散射的研究，以及发现以他命名的效应）

● 正电子寿命测量（1936 年，发现正电子）

● 核磁共振（1952 年，发展出用于核磁精密测量的新方法，并凭此所得的研究成果）

● 光泵磁共振（1966 年，发现和发展了研究原子中赫兹共振的光学方法）

● 全息照相（1971 年，发明并发展全息照相法）

● 高温超导材料基本特性测试（1987 年，在发现陶瓷材料的超导性方面的突破）

● 巨磁电阻（2007 年，发现巨磁阻效应）

● 数字信号光纤传输技术（2009 年，在光学通信领域，光在纤维中传输方面的突破性成就）

● CCD 综合特性实验（2009 年，发明半导体成像器件电荷耦合器件）

● LED 综合特性实验（2014 年，发明高亮度蓝色发光二极管）

……

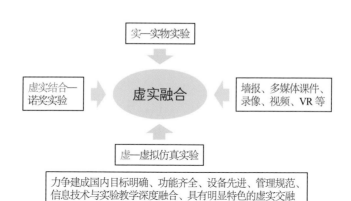

图 8-1 虚实交融诺贝尔奖物理实验平台

总之，诺贝尔物理学奖是一个非常重要的科学奖项，它表彰了那些通过他们的实验和研究推动人类认识自然界和改善人类生活质量的科学家们。如果你对这些实验感兴趣，可以去阅读相关书籍或者自己动手做一些简单的实验来体验一下科学的乐趣。

一、爱因斯坦和光电效应

当我们打开手机或者电视，看到屏幕上的图像，其实背后有许多神奇的科学现象在支持。其中一个非常重要的现象就是"光电效应"。光电效应是关于光和电子之间的有趣故事，让我们一起来了解一下它的发展历史吧！

法国物理学家爱德蒙·贝克勒尔于1839年观察到了光电效应的早期现象，也就是光可以使一些物质释放电子。但当时人们对这个现象并没有深入研究，这个故事悄悄地在角落里等待着更多的发现。

图 8-2　爱德蒙·贝克勒尔

　　继贝克勒尔之后，德国物理学家海因里希·赫兹登场了。他在 1887 年进行了一系列实验，终于揭开了光电效应的一角。赫兹发现，当光照射到金属表面时，会产生电流。这表明光子（光的微粒）有足够的能量，能够把金属里的电子激发出来，就像一颗小小的子弹击中了金属的电子，让它们飞出来。

　　1898 年赫兹的学生德国科学家勒纳最早做出了阴极射线管，并用实验验证产生阴极射线的原因是光照射到金属表面引起的，他还对光电效应的规律进行了研究，并在 1902 年发表了第一批研究成果。他通过实验测定了被紫外线照射的铝板发出的负电荷的荷质比，以及光电子离开金属板时的最大速度和动能，并有了重大发现：光电子的最大初始动能与入射光的强度无关，只随入射光频率增大而增大。1905 年勒纳因阴极射线管的研究获得了

图 8-3　海因里希·赫兹

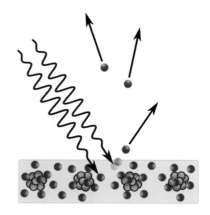

图 8-4　光电效应示意图

诺贝尔物理学奖，这中间也包括了他对光电效应的贡献。

　　在光电效应这一现象中，光显示出它的粒子性，经典的波动理论无法给出圆满的解释。1900 年普朗克在解决黑体辐射能量分布时提出了"能量子"假设，1905 年爱因斯坦受普朗克量子假设的启发，提出了光量子假说：光不是像波浪一样连续地传播的，而是由许多微小的能量包，我们现在称之为"光子"。这就像是在打台球时，每次撞击一个小球，都会有一个电子跳出来！他的理论成功地解释了光电效应的各条实验规律，即频率为 ν 的光子其能量为 $h\nu$（h 为普朗克常量）。当电子吸收了光子能量 $h\nu$ 之后，一部分消耗于电子的逸出功 W_0，另一部分转换为电子的动能 $\frac{1}{2}mv^2$，即

$$\frac{1}{2}mv^2 = h\nu - W_0$$

图 8-5　菲利普·勒纳　　　　　　　图 8-6　阿尔伯特·爱因斯坦

　　上式称为爱因斯坦光电效应方程，它圆满地解释了光电效应实验规律。但是由于光子理论与麦克斯韦经典电磁理论抵触，并且光电效应的实验精度不高而无法验证光电效应方程，因此该理论一开始受到了怀疑和冷遇，甚至连勒纳也反对。

　　爱因斯坦光电效应方程的实验证明是一项极其复杂和困难的事情，一些物理学家曾付出努力而未得到结果。曾测量出电子电荷的美国物理学家密立根（密立根油滴实验）最初想用实验证明爱因斯坦的理论是错误的，他从1912年开始通过3年的实验反而证明了爱因斯坦光电方程的每个细节都是有效的。1916年密立根利用光电方法较为精确地测得了普朗克常数 h，验证了爱因斯坦光电效应方程，在事实面前他相信了真理。爱因斯坦和密立根两位大师因对光电效应等的贡献分别获得了1921年和1923年的诺贝尔物理

图 8-7　罗伯特·安德鲁·密立根和密立根油滴实验设备

学奖。一个光电效应让三人获得了诺贝尔物理学奖，一方面说明光电效应本身在物理学上的重要性，另一方面也充分体现了物理学的研究方法：实践、理论、再实践……这是人类认识事物的基本规律，同时也说明了实践是检验真理的唯一标准。

光电效应不仅在科学研究中很重要，它还有很多实际应用。比如，常见的太阳能电池就是利用光电效应来把太阳光转换成电能的。而在照相机中，也利用光电效应来记录照片。

所以，光电效应是关于光和电子之间的一段奇妙故事。它向我们展示了光的微粒性质，并为许多科技产品的发明做出了重要贡献。

二、实验室中的光电效应实验

实验目的：围绕光电效应实验，测量普朗克常数，体验普朗克常数从猜测到实验证实的过程。

实验探究：沿着历史的足迹，跟随科学家的脚步，探究光电效应实验，测量普朗克常数的值。

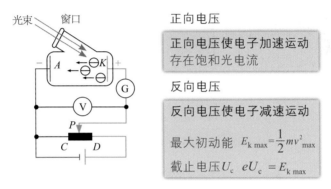

图 8–8　光电效应实验示意图

（1）实验现象的发现：赫兹发现光电效应现象后，勒纳测得了光电效应的实验规律。

介绍带可调节电压的光电管电路图，教师演示（观看 VR 视频，了解实验原理）某两种频率和光强的入射光的伏安特性曲线。

学生根据演示实验，得出光电效应实验规律，老师补充。

a. 正向电压时，存在饱和光电流；

b. 反向电压时，截止电压与入射光光强无关；

c. 光的频率低于某一临界值时，不会产生光电流；

d. 光照到金属表面，光电流立即就会产生。

（2）提出问题：尝试用经典理论解释光电效应实验，发现多个矛盾点。

$eU_c = E_{k\,max}$ ➡ 吸收了光的能量 ➡ 光强越强，动能越多

光强越强，截止电压不是应该也越大吗？

矛盾点一：经典理论无法解释截止电压与入射光光强无关。

矛盾点二：无法解释光的频率低于某一临界值时，不会产生光电流，这一临界值称为截止频率。

矛盾点三：无法解释光照到金属表面，光电流立即就会产生。

……

（3）做出假设：模仿爱因斯坦，提出光量子理论。

1905 年，爱因斯坦参考普朗克对能量子的定义提出：光量子假设。

（1）光子已是最小单元，不能再被分割。

（2）每个光子携带的能量 $\varepsilon = hv$，光强 $S = Nhv$。

（3）光子与物质中的电子发生完全非弹性碰撞（电子吸收光子）。

（4）光电效应方程：
$$hv = E_k + W_0$$

（4）演绎推理：用光量子理论，解释矛盾点。

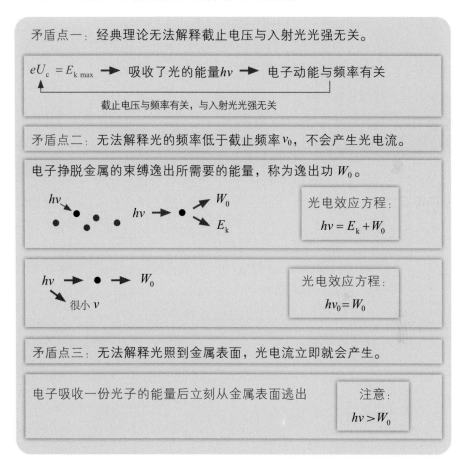

矛盾点一：经典理论无法解释截止电压与入射光光强无关。

$eU_c = E_{k\,max}$ ➡ 吸收了光的能量hv ➡ 电子动能与频率有关

截止电压与频率有关，与入射光光强无关

矛盾点二：无法解释光的频率低于截止频率v_0，不会产生光电流。

电子挣脱金属的束缚逸出所需要的能量，称为逸出功 W_0。

hv ➡ W_0 E_k

光电效应方程：
$$hv = E_k + W_0$$

hv ➡ ● ➡ W_0

很小 v

光电效应方程：
$$hv_0 = W_0$$

矛盾点三：无法解释光照到金属表面，光电流立即就会产生。

电子吸收一份光子的能量后立刻从金属表面逃出

注意：
$$hv > W_0$$

以小组为单位，教师逐一根据矛盾点，引导学生用光量子理论解释光电效应实验现象。完成各矛盾点的解释后，根据光量子理论，推导出截止电压与入射光频率成正比的关系。

尽管光量子理论能够解释光电效应实验，但是没有实验证明。没有实验证明的光量子理论，受到了众多科学家的质疑，包括普朗克。

（5）实验验证：密立根用精密实验测得截止电压和入射光频率之间的线性关系。

介绍密立根不断改进实验的精度，最终测得了5种不同波长的光对应的截止电压，且截止电压大小和入射光的频率成正比，从实验上验证了爱因斯坦光量子理论的正确性。同时，结合密立根油滴实验测得的电子电量，得到的普朗克常数与普朗克提出能量子中的数值常数非常接近，验证了普朗克常数的存在性和准确性。在这个过程中，密立根的观点变化：从不认可爱因斯坦的光量子理论，到验证普朗克常数，最后支持爱因斯坦的光量子理论。

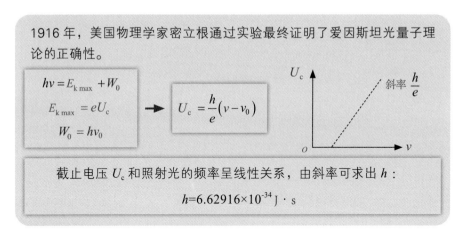

1916年，美国物理学家密立根通过实验最终证明了爱因斯坦光量子理论的正确性。

$$hv = E_{k\,max} + W_0$$
$$E_{k\,max} = eU_c$$
$$W_0 = hv_0$$

$$U_c = \frac{h}{e}(v - v_0)$$

斜率 $\frac{h}{e}$

截止电压 U_c 和照射光的频率呈线性关系，由斜率可求出 h：

$$h = 6.62916 \times 10^{-34} \text{J} \cdot \text{s}$$

教师演示不同入射光的截止电压实验，学生记录对应波长的截止电压。强调实验过程中调零、最小量程的选取等减小误差的关键步骤。同时，演示用 Origin 软件作图，直接求出 $U_c(v)$ 的斜率。

爱因斯坦光电效应方程：

$$\frac{1}{2}mv^2 = h\nu - W_0$$

$$\frac{1}{2}mv^2 = eU_c$$

$$U_c = \frac{h}{e}\nu - \frac{W_0}{e}$$

总结：光电效应从"发现现象"到"实验验证"的过程中，真理的探索尽管经过了无数的波折，但这正是科学探究最严谨、最符合辩证唯物主义的方法。同时说明，正确的方法加上孜孜不倦的探究精神，科学真理终将被揭开，科学的荣誉终将实至名归。

三、光电效应的应用

光电效应，这一迷人的物理现象，在现代科技的进步中扮演了核心角色，广泛应用于我们的日常生活和工业生产。这种效应使得太阳能电池成为一种环保且高效的能源来源，并且在现代数字成像技术中，如数字照相机的图像传感器，光电效应也发挥了核心作用，使我们能够电子化地捕捉并保存珍贵瞬间。光电效应同样在农业病虫害防治、激光技术、通信和传感器领域发挥着关键作用。

1. 光电池及太阳能电池

太阳能电池是一项重要的科技创新，其工作原理基于光电效应。太阳能电池包含多个小型电池单元，这些单元由特殊的半导体材料构成，能够吸收

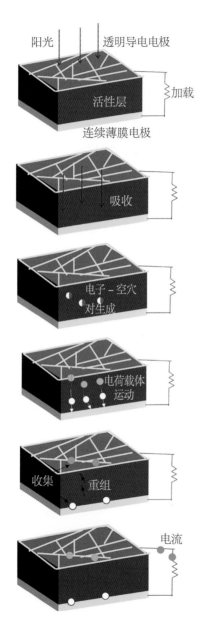

阳光　透明导电电极

加载

活性层

连续薄膜电极

吸收

电子 - 空穴
对生成

电荷载体
运动

收集　重组

电流

光子。当太阳光照射到电池上，光子与这些材料互动，引发电子的释放。释放的电子流动形成电流，该电流可以转换成用于供电的电能。

太阳能电池提供了多种好处。作为一种绿色能源，它不像煤炭或石油那样产生有害气体，对环境友好，并有助于地球保护。太阳能电池依靠不断的太阳光，能持续提供稳定的电能。它对偏远地区尤其有利，在这些缺乏电网连接的地方，太阳能电池能提供所需电力，改善当地居民的生活质量。

中国目前拥有全球领先的光伏产能，有效利用了沙漠、屋顶等可用于部署太阳能的区域，将太阳光能转化为电能。这种太阳能利用对缓解全球变暖具有重要作用，是中国实施"双碳"战略的关键部分。中国的隆基绿能创造了新的世界纪录，其

图 8-9　太阳能电池收集电荷示意图。光通过透明导电电极传输，形成电子空穴对，电子空穴对由两个电极收集

硅太阳能电池的转换效率达到了 26.81%，居世界首位。通过科技创新推动经济与环境的共同进步，是实现联合国"2030 可持续发展目标"的关键路径，努力构建以"绿水青山就是金山银山"为理念的美好环境。

2. 农业病虫害防治

科学家们已经发现了一种利用光电效应保护庄稼免受病虫害的方法，这一发现意外地将光电效应与农业生产联系起来。一种特殊材料被发现，它能够吸收并释放太阳光的能量，作为一种病虫害防治工具。将此材料置于农田中并暴露于阳光下，太阳光的照射使得材料内的电子被激发，产生电流。这种微小的电流对农作物无害，但能有效地击退病虫害。当病虫害接近这种材料时，由于电流的影响会感到不适，并迅速离开，形成一种有效的无形防护，保护农作物免遭侵害。

光电效应在农业中的应用带来多重益处：它提供了一种环保的病虫害防治方法，不污染环境；能减少农药使用，降低对作物的潜在损害；并且有助于提高作物产量和品质，确保食品的健康和美味。

光电效应在农业中防治病虫害的应用构成了一个重要的研究领域。科学家的持续努力使得我们可以通过光电效应保护农作物，避免病虫害的危害，并享受到更多新鲜和健康的农产品。

　　物理学是一门以实验为基础的学科，物理不能脱离实验而独立发展。实验物理学经历了数百年的成长和发展，在发现物理新现象、新效应、新规律、新问题，构建新理论，以及开启人们科学思维心灵之路的过程中，产生了一系列科学实验方法，出现过众多获得诺贝尔物理学奖的实验，这些著名实验以其巧妙的物理设计，独到的处理和解决问题的方法，精心设计的仪器，严谨的实验安排和布局，高超的测量技术，对实验数据的精心处理和无懈可击的分析判断等，为我们展示了极其丰富和精彩的物理思想，提示了解决问题的思想、方法和途径。

　　青少年走进（武汉大学）诺贝尔奖物理实验室，体验光电效应、塞曼效应、迈克尔孙干涉、密立根油滴实验等著名的经典诺奖实验，以及高温超导、巨磁电阻、光纤通信、量子纠缠等现代诺奖实验，可以真实地感受到物理实验的设计之美，窥探诺贝尔奖的奥秘，拉近与诺奖的距离，拓宽科学视野，学习和领悟科学巨匠们高尚的学术品德和迷人的人格魅力。著名诺贝尔实验与现代技术相结合，利用多媒体、现代网络信息化虚实交融，揭开诺贝尔物理学奖的神秘面纱，可了解诺奖得主背后有趣的故事，培养辩证思维的能力和格

物致知的精神，提高人们的科学文化素养、培养其科学意识、激发其科学精神。

实验是验证理论真实性的基本手段。光电效应的历史发展便是通过实验从普朗克常数的猜测到实验证明的过程的典型示例。起初，1887 年，德国物理学家海因里希·赫兹首次观察到了光电效应，随后在 1902 年，他的学生菲利普·勒纳通过实验揭示了光电效应的关键规律并在 1905 年因此获诺贝尔物理学奖。因经典理论无法解释这些实验现象，阿尔伯特·爱因斯坦在 1905 年提出了光量子理论，并于 1921 年因此获奖。更进一步，罗伯特·安德鲁·密立根在 1916 年经过十年的精密实验努力，验证了爱因斯坦的光量子理论的正确性，他自己也因此在 1923 年获得了诺贝尔物理学奖。密立根最初不认同光量子理论，但在长期研究后，验证了普朗克常数并最终支持了爱因斯坦的理论。这类"典型案例实验"，可以激发青少年的探索精神和创新意识，教育他们拥有正确的科研态度，树立正确的世界观和价值观。

最后，我用爱因斯坦的一句话勉励年轻的一代：早在 1901 年，我还是二十二岁的青年时，我已经发现了成功的公式。我可以把这公式的秘密告诉你，那就是 A=X+Y+Z！A 就是成功，X 就是正确的方法，Y 是努力工作，Z 是少说废话！这公式对我有用，我想对许多人也一样有用。

扫码观看本讲视频

图片版权 ※

第一讲

图 1-1, 1-2, 1-3, 1-5, 1-6　Gary Todd

图 1-8, 1-9, 1-11　Siyuwj

图 1-10　Yutwong

图 1-14　Living Space（左）
Difference engine（右）

图 1-20, 1-23　Bairuilong

图 1-21, 1-22　Tyg728

第二讲

图 2-3　Spigget（右）

图 2-4　J. S. Liang（右）

图 2-5　The Royal Society（左）
Stannered（右）

图 2-6　Aleksandr Berdnikov（右）

图 2-7　Philip Ronan（下）

图 2-9　Theodoreand Kathleen Maiman（右）

图 2-14　Dragons flight

图 2-15　Rnbc

图 2-17　Timwether

图 2-19　DrBob

图 2-20　Cburnett

图 2-22　Michael Apel（第一行）
Michael Apel, Shaddack（第二行左，右）
SecretDisc（第三、四行）

图 2-23　Jeremie Teyssier,
Suzanne V. Saenko,
Dirk van der Marel,
Michel C. Milinkovitch

图 2-25　Michael Ströck

图 2-27　Kumarbarc

图 2-30　Alexander Koshelev

图 2-32　Nalaf（左）

图 2-34　KaurJmeb（上）
Daniel Mietchen（下）

图 2-38　Zogdog602

第三讲

图 3-1　Apple2gs

图 3-2, 3-3　Intel Free Press

图 3-4　Advanced Micro Devices, Inc.（AMD）

图 3-11　Alecv

图 3-12　Mstroeck

图 3-13　3113Ian

第四讲

图 4-2　Simon Benjamin

图 4-3　Glosser.ca

图 4-10　alanstonebraker.com

图 4-11　Coldsmokerider

第五讲

图 5-4　NASA, ESA, J. Hester and A. Loll (Arizona State University)

图 5-5, 5-7　NASA

图 5-6, 5-8　Markus Poessel

图 5-11　Johnstone

图 5-12　LIGO Laboratory

图 5-13　CaltechMITLIGO Lab

图 5-14　LIGO Scientific Collaboration

图 5-16　Cmglee

图 5-17　National Science Foundation（左）
STScI（右）

图 5-18　Vysotsky

第六讲

图 6-3　Patvoiiage（左）
Richie Bendall（右）

图 6-6　Paul Ehrenfest

图 6-7　Dhatfield

图 6-12　IBM Research

图 6-17　National Physical Laboratory

第七讲

图 7-8　NASA

第八讲

图 8-3　Robert Krewaldt

图 8-4　Ponor

图 8-6　Lucien Chavan

图 8-9　Photo78harry